패션, 영화를 디자인하다

패션, 영화를 디자인하다

개정판 1쇄 발행 2023년 10월 2일

지은이 진경옥
펴낸이 강수걸
편집 강나래 신지은 오해은 이선화 이소영 이혜정 김소원
디자인 권문경 조은비
펴낸곳 산지니
등록 2005년 2월 7일 제333-3370000251002005000001호
주소 부산시 해운대구 수영강변대로 140 BCC 613호
전화 051-504-7070 | 팩스 051-507-7543
홈페이지 www.sanzinibook.com
전자우편 sanzini@sanzinibook.com
블로그 http://sanzinibook.tistory.com

ISBN 979-11-6861-173-3 03590

패션,
영화를
디자인하다

진경옥 지음

산지니

영화의상의 가장 중요한 역할은 스토리텔링

학창시절 친정아버지는 서울과 지방에 영화관을 여럿 가지고 계셨다. 또 간간이 영화 제작에도 참여하셔서 어렸을 적 나는 영화와 아주 가깝게 지냈다. 드라마센터(현재 남산 예술센터) 근처에 있던 우리 집은 종종 영화세트장으로 사용되었다. 그래서 영화배우 김지미, 최무룡, 윤정희, 백일섭, 김진규, 박노식, 백일섭이 촬영하는 모습을 신기해하면서 엄마랑 동생들이랑 숨을 죽이고 구경하는 특권도 누렸다. 배우들은 아름다웠고 그런 배우들이 촬영 때 입은 옷은 어린 나에게는 꿈같은 의상이었다. 아버지는 컬러 TV가 본격적으로 유행하기 시작하면서 극장 사업을 접으셨지만 꽤 오랜 시간을 영화적 분위기에서 지냈던 덕분으로 나는 패션디자이너가 되고 패션디자인학과에서 학생을 가르치는 오늘까지 패션과 영화의 공생관계를 잘 인지하고 있지 않은가 싶다.

1972년 재개봉된 1939년 영화 〈바람과 함께 사라지다〉는 내게 패션디자이너의 꿈을 심어준 영화다. TV에서도 여러 번 방영한 이 영화를 예닐곱 번은 보았던 것 같다. 영화에 나오는 아름다운 옷을 입어보고도 싶고 또 직접 만들고 싶어 시작한 패션디자인. 그런데 알고 보면 영화의상과 패션은 근본적으로 다른 분야다. 옥스포드 영어

사전을 보면 이 둘의 구별이 명확하다. 패션은 상업적인 동기를 갖고 있지만 영화에 등장하는 영화의상은 대중의 소비가 아니라 배우의 특별한 역할을 위해 존재한다. 그래서 영화의상 디자이너와 패션디자이너는 역할과 직업영역이 완전히 다르다.

영화의상의 가장 중요한 역할은 스토리텔링이다. 등장인물의 모든 감정선이 의상을 통해서 나타나야 하고 의상이 제아무리 아름다워도 영화에 녹아들어야 하며 동시에 신비함도 내포해야 한다. 그래서 영화의상은 비밀스러운 언어라고도 할 수 있다. 영화의상은 등장인물들이 스토리를 이끌어나가기 전에 배우들이 옷을 입은 것만으로도 관객이 캐릭터에 대한 인상을 이해할 수 있도록 제작되어야 한다. 그래서 영화의상 디자이너들은 의상에 패션 트렌드를 반영하지 않고 영화에 나오는 등장인물의 상황와 마음 상태를 설명하기 위해서 의상을 스타일링한다. 스타일뿐 아니라 색상, 문양과 소재 표현에도 신경을 쓴다.

그럼에도 불구하고 영화의상은 극 중 등장인물 캐릭터의 시각적 표현을 넘어 그 시대의 대중 패션을 선도하는 역할을 해온 것이 사실이다. 영화의상은 카메라의 각도나 움직임에 따라 등장인물의 의상을 전체적인 실루엣뿐 아니라 디테일까지 포착할 수 있는 특성을 가지고 있어 영화 속의 등장인물이 착용했던 독특한 스타일의 옷차림이나 액세서리, 부분적인 디테일의 세부까지 관객들에게 쉽게 어필되고 이 스타일이 유행으로 대중들에게 받아들여지기 때문에 영화스타는 패션리더로서 영향력이 클 수밖에 없다.

영화의상 디자이너와 패션디자이너의 영역이 전혀 다름에도 불구하고 영화의상 디자이너와 패션디자이너는 상호 영향을 받고 있기도 하다. 이들의 조우는 1920년대, 할리우드 영화가 파리패션의 영향 아래 있을 때부터 시작됐다. 1930년대에 할리우드의 황금시대가 대두되면서 30년대의 인기를 끈 인기 여배우인 조안 크로포드, 마들렌 디트리히, 그레타 가르보, 캐서린 헵번 같은 할리우드 여배우의 의상과 스타일은 패션쇼에 등장한 의상보다도 대중의 유행에 더 많은 영향을 끼치기 시작했기 때문이다.

아드리안 아돌프 그린버그를 비롯한 미국의 영화의상 디자이너가 여배우들의 모습을 파리모드로 섹시하고 멋지게 은막에 표현했을 때 미국여성들은 열광했고 당시 미국여성들의 패션을 책임지던 프랑스 패션디자이너들은 영화의 스타일에 맞춘 의상을 앞다투어 디자인하기 시작했다. 이들은 영화에 나오는 스타일은 물론 세세한 부분까지 모방한 의상들을 패션쇼에서 발표했다. 최근, 영화의상 디자이너인 콜린 앳우드가 의상을 맡아 2010년 아카데미 의상상을 받은 〈이상한 나라의 앨리스〉에 나온 의상에서 영감을 받아 도나텔라 베르사체가 패션쇼에 발표한 의상들도, 2004년 샌디 포웰이 아카데미 의상상을 수상한 〈애비에이터〉에서 영감을 받은 의상들로 장 폴 고티에가 컬렉션을 발표했던 것도 다 같은 맥락이다.

영화의상 분야는 1948년 아카데미 의상상이 제정되면서 빛을 발하게 됐다. 특히 1953년 '영화의상디자인조합'이 결성되면서 엘리자베스 테일러, 마릴린 먼로, 그레이스 켈리, 오드리 헵번 같은 스타들이 영화의상을 통해 대중의 패션 유행을 주도했다.

남성의 경우도 마찬가지다. 젊음의 상징인 청바지와 가죽 재킷의 유행도 말론 브란도 주연의 〈와일드 원〉과 〈이유 없는 반항〉의 제임스 딘의 공이 컸다. 그들이 입었던 스타일은 오늘날까지도 젊은이들의 의상을 대변하는 스타일이 되고 있다.

그런데 영화의상 디자이너가 아닌 패션디자이너가 직접 영화의상에 참여하는 경우도 점차 증가하고 있다. 가장 대표되는 디자이너는 위베르 드 지방시였다. 그는 지나치게 심플하고 모던한 라인으로 시대를 초월한 우아하고 클래식한 스타일을 확립했는데 이 스타일을 소화하는 데 있어 최적의 배우가 오드리 헵번이었다. 헵번은 20세기 패션 아이콘으로서 지방시와 떼어놓을 수 없는 관계가 됐다. 실제로 헵번은 열여섯 편의 영화에서 지방시가 디자인한 옷을 입고 출연했다. 헵번은 영화라는 매체를 통해 자신만의 새로운 스타일을 창조함으로써 패션계에 커다란 영향을 미쳤을 뿐 아니라 1950~1960년대 젊은 여성의 로망이었다.

영화와 패션의 동거관계는 여기서 그치지 않는다. 1980년대 이후 빈번해진 유명 패션디자이너 브랜드와 영화의 조우는 다양한 모습으로 스크린을 풍성하게 채색하고 있다. 유명 디자이너들은 자신들의 작품을 패션쇼에서 선보이거나 매장에 전시하는 것보다는 영화를 통해 소개하는 것이 훨씬 효과적이라는 것을 잘 알고 있었고, 배우들 역시 배역에 맞는 이미지를 위해 유명 디자이너들과 손을 잡고 있다.

잘 만들어진 영화의상은 20, 21세기 패션에서 감초 같은 존재였다.

그만큼 20, 21세기는 영화와 패션의 관계가 깊다. 영화는 패션을 발전시키고 패션은 영화를 디자인한다. 영화 속 의상은 영화의 스토리텔링 요소가 되는 것뿐 아니라 현대인의 가치관과 패션이미지에 영향을 끼치는 중요한 동기가 되는 것이다.

『패션, 영화를 디자인하다』를 집필하면서 옷을 잘 입는다는 것은 과연 어떤 의미일까, 하는 궁금증이 들었다. 우선 영화의 캐릭터들처럼 멋진 옷을 소화할 수 있고 패션 감각도 뛰어나야 할 것이다. 하지만 이런 요소보다 더 중요한 것은 바로 자신을 사랑하는 마음이 아닐까 싶다. 자신을 당당하게 사랑하기 때문에 자신만의 스타일을 만들 수 있고, 그 스타일이 자신만의 패션을 창조할 수 있지 않을까? 영화 〈섹스 앤 더 시티〉에서 이 시대의 패션아이콘, 사라 제시커 파커가 외쳤다.

"무엇을 입느냐보다 문밖에 나왔을 때 스스로 자신감을 가지는 게 중요합니다."

이 책을 집필하고 펴는 데 도움을 주신 여러분께 감사드린다. 처음부터 끝까지 격려해주시고 에너지를 주신 『폐교, 문화로 열리다』의 저자 백현충 부산일보 부장님, 패션디자인의 길을 수십 년 동안 이끌어주시고 지금 이 자리에 나를 있게 하신 스승이자 멘토 이화여대 배천범 교수님, 그리고 이 책을 펴는 데 도움을 주신 산지니 출판사의 강수걸 대표님, 양아름 편집자님, 권문경 디자인 팀장님께 진심으로 감사드린다.

이 책을 통해 독자 여러분이 영화와 패션의 공생관계를 되짚어보
고 스타일의 의미를 다시 한번 생각해보는 기회가 되었으면 하는 바
람이다.

2015년 10월
진경옥

CONTENTS

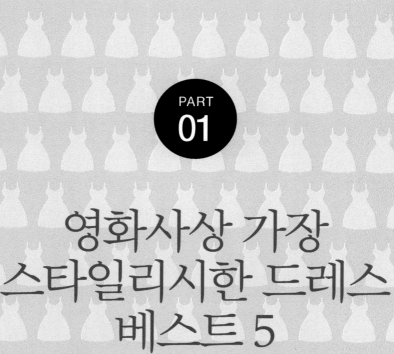

PART
01

영화사상 가장
스타일리시한 드레스
베스트 5

01

세련된 드레스의
기본 공식으로 남아 있는
햅번의 리틀 블랙 드레스

〈티파니에서 아침을〉

1961년 개봉된 영화 〈티파니에서 아침을〉(블레이크 에드워즈Blake Edwards 감독, 1922~2010)은 오드리 헵번(Audrey Hepburn, 1929~1993)을 세기의 패션 아이콘으로 등극시켰다. 사실 이 영화의 원작자인 트루먼 카포트(Truman Capote, 1924~1984)는 주인공 홀리 역으로 마릴린 먼로(Marilyn Monroe, 1926~1962)를 밀었고 헵번이 역할을 맡게 되자 몹시 낙담을 했다고 전해진다. 트루먼 카포트의 1958년 동명소설을 원작으로 한 이 영화는 상류사회를 동경하는 고급 매춘부 홀리(오드리 헵번)와 작가이자 매춘남인 폴(조지 페퍼드George Peppard, 1928~1994)이 사랑으로 서로를 구원하는 내용이다.

이 영화에서 헵번은 당시로는 파격에 가까운 도회적 미를 선보였다. 이 중에서도 가장 인상적인 패션은 헵번의 '리틀 블랙 드레스'다. 영화 속에서 매춘부의 역할을 맡았다고는 상상하기 어려울 정도로 기품 있고 청순한 블랙 드레스는 코코 샤넬이 1928년 최초로 발표한 리틀 블랙 드레스 이래 폭발적인 반응으로 주목받았다. 영화의 시작 장면에서 보여준 T자형의 등이 깊게 파인 블랙 새틴 드레스는 20세기 영화사상 가장 유명한 의상 중 하나가 되었고, 덩달아 영화는 이 장면 하나로 모던 패션을 대표하는 작품으로 등극했다.

리틀 블랙 드레스는 원래 1926년 샤넬(Gabrielle Chanel, 1883-1971)이 처음 발표했다. 디자인은 지극히 단순했지만 1910년대를 풍미했던 강렬한 색상에 대항하고, 상복이나 남성복에만 뿌리내렸던 검정색을 여성의 일상복 색상으로 확장했다는 데 큰 의미가 있었다. 이 블랙드레스를 패션디자이너 지방시(Hubert de Givenchy)가 〈티파니에서 아침을〉에서 발전시켜 헵번 패션으로 거듭나게 했고, 지금도 수많은 팬들이 이 드레스를 헵번의 상징으로 여기고 있다.

이 의상은 지난 2006년 크리스티 경매장에서 영화 소품 역사상 최

지방시의 우아하고 클래식한 드레스를 입은 오드리 헵번

고가인 92만 달러, 우리 돈으로 환산한 액수로는 약 10억 원에 팔렸다. 그 수익금은 전액 인도의 굶주리는 아동을 위해 기부돼 헵번의 명성을 드높였다.

헵번은 영화라는 매체를 통해 자신만의 새로운 스타일을 창조함으로써 패션계에 커다란 영향을 미쳤을 뿐 아니라 1950~1960년대 젊은 여성의 로망이 됐다. 그는 자기 스타일에 딱 맞는 패션을 즐길 줄 아는 여배우 중 한 명이었는데, 그의 안경테와 모자, 플랫 슈즈, 길이가 짧고 화려하지 않은 오버코트 등은 지금도 빈번히 활용되고 있는 미니멀리즘 트렌드를 제시했다.

〈티파니에서 아침을〉에서 보여준 헵번의 심플하면서도 조화로운 이미지와 패션스타일은 〈로마의 휴일〉(1953)과 〈사브리나〉(1954)의 의상을 맡은 전설적 영화의상감독 이디스 헤드(Edith Head)와 디자이너 지방시 덕분이다. 그중에서도 헵번은 늘 지방시와 맞물려 있었다. 사실 헵번은 20세기 패션 아이콘으로서 지방시와 떼어놓을 수 없는 관계에 있었다. 여배우를 중심으로 한 영화와 패션의 공생관계가 시작되는 역사적 순간은 지방시가 1954년 영화 〈사브리나〉의 촬영을 위해 오드리 헵번과 만나면서 시작됐다.

프랑스 사회학자 롤랑 바르트(Roland Barthes, 1915~1980)는 헵번에 대해 "이 세상 언어로 묘사할 수 있는 형용사가 부족한 창조물"이라며, 지방시의 천재성을 돋보이게 한 것이 바로 헵번이라고 극찬했다. 헵번은 지방시의 모든 작품을 고양시키는 능력을 지녔고 지방시 디자인의 영감이자 영원한 뮤즈(해당 패션브랜드의 이미지를 고스란히 지닌 대표 모델)였다.

　　지방시는 당시 파리 쿠튀르(패션계)를 지배하고 있던 디올의 보수적 디자인의 대척점에 서 있었다. 그는 젊은 디자이너 특유의 혁신성을 갖고 여성의 아름다움을 살려냈다. 신체를 따라 흐르는 실루엣과 장식을 배제한 단순미를 추구했으며, 의상디자인에 있어서 소재를 매우 중요한 요소로 생각했다. 그 결과 지나치게 많은 장식 대신에 심플하고 모던한 라인과 세련된 소재로 시대를 초월한 우아하고 클래식한 스타일을 확립했다. 헵번은 이런 스타일을 소화하는 데 최적의 배우였다. 실제로 헵번은 열여섯 편의 영화에서 지방시가 디자인한 옷을 입고 출연했다.

　　지방시는 1995년 은퇴했다. 이후 존 갈리아노(John Galliano), 알렉산더 맥퀸(Alexander McQueen, 1969~2010), 줄리앙 맥도날드(Julien Macdonald)에 이어 현재 리카르도 티시(Riccardo Tisci)가 지방시의 수석 디자이너로 일하고 있다. 이 젊은 디자이너들이 지방시 고유의 디자인을 고수하는 동시에 모던하고 세련되게 변모한 현대적인 해석으로 끊임없이 지방시의 명성을 잇고 있는 것이다.

　　자고 일어나면 바뀌는 패션 트렌드 속에서 시간을 초월한 아름다움과 심플하고 세련된 우아함이 결합된 오드리 헵번의 리틀 블랙 드레스는 오늘날에도 세련된 드레스의 기본 공식으로 남아 있다.

　　헵번은 숨을 거두기 직전에도 지방시의 옷을 가슴에 품고 키스했다고 한다. "신이 내게 허락한 최고의 선물은 옷을 고를 수 있는 심미안이다. 내 배역에 맞는 옷을 입으면 옷에 맞는 표정과 행동, 태도가 나온다." 그가 생전에 한 말이다. 헵번 스타일의 블랙 드레스는 21세기에도 어떤 의상보다 더 높은 가치로 인정받고 있다.

02

세상에서 가장 아름다운
그린 드레스

〈어톤먼트〉

할리우드 영화에서 역사상 가장 멋진 의상으로 평가받은 드레스
는 조 라이트(Joe Wright) 감독의 2008년 작품 〈어톤먼트〉에 나온 에
메랄드 그린 색상 실크 드레스다. 최근 영국 TV네트워크와 패션잡지
『인스타일』, 『보그』, 연예정보지 『베니티 페어』, 시사주간지 『타임』
등이 공동으로 선정한 결과다.

여주인공인 키이라 나이틀리(Keira Knightley, 세실리아 역)가 입은 이
실크 드레스는 마릴린 먼로가 〈7년 만의 외출〉에서 선보인 화이트
드레스, 오드리 헵번이 〈티파니에서 아침을〉에서 소개한 블랙 드레
스를 제치고 1위를 차지했다.

영화 〈타이타닉〉 이후 가장 가슴이 아픈 로맨스라는 평가를 받은
〈어톤먼트〉는 영국 작가 이언 매큐언(Ian McEwan)의 2002년 동명 소
설을 토대로 했다. 1930년대 영국 상류층 여성 특유의 오만함과 아
름다움을 동시에 가지고 있는 세실리아의 아름답고 가슴 아픈 러브
스토리는 문학적 상상력이 풍부해 후일 베스트셀러 작가가 되는 그
의 여동생 브라이오니(시얼샤 로넌Saoirse Ronan)의 질투가 빚은 거짓
증언에서 비롯된다.

여기서 어톤먼트(Atonement)는 '속죄'를 뜻한다. 브라이오니는 자
신이 좋아하는 사람과 언니 세실리아가 사랑하는 것을 방해하기 위
해 언니의 애인인 로비 터너(제임스 맥어보이James McAvoy)에게 강간범
누명을 씌워 두 사람을 헤어지게 했다. 결국은 그들은 맺어지지 못하
였으며 브라이오니는 자신이 세실리아와 로비 터너를 죽게 한 원인
제공자였다는 것을 깨닫고 속죄와 참회를 담은 소설을 쓴다. 주로
문학작품을 기반으로 영화를 만드는 조 라이트 감독은 책 속의 문장
을 그대로 스크린에 가져다 놨나 싶을 정도로 아름다운 영상미를 뽑
냈다. 영화는 뛰어난 영상미와 아름다운 음악을 배경으로 시대극에

서 볼 수 있는 장중함과 섬세한 심리 묘사, 흥미진진한 스릴러가 돋보인다. 덕분에 영화는 2008년 골든 글로브와 영국 아카데미 작품상, 미국 아카데미 음악상과 미술상을 수상했다.

2차대전 후 확연히 달라진
세실리아의 패션스타일

의상은 영화 〈안나 카레니나〉로 2013년 아카데미 의상상을 받은 코스튬 디자이너 재클린 듀런(Jacqueline Durran)이 맡았다. 듀런은 영화의상 디자인에서 1930년대와 1940년대의 극명한 차이를 표현하는 데 주안을 두었다. 그는 1935년의 꽃과 빛으로 가득 차고 행복이 넘치던 시절과 2차 세계대전 시기의 무겁고 어두운 시절을 의상으로 대비시켰다.

여주인공 키이라 나이틀리는 이 영화로 단단히 존재감을 굳혔다. 더욱이 그가 입은 그린 드레스의 색상, 스타일, 피팅은 키이라 나이틀리의 캐릭터를 완벽하게 표현하는 중요한 요소가 됐다.

조 라이트 감독은 의상감독 듀런에게 1935년엔 생각할 수 없는 쇼킹한 의상으로서 귀족적인 분위기가 넘치면서도 깊은 느낌을 주는 그린색 드레스를 디자인해달라고 주문했다. 조 라이트 감독이 영화의 중요한 상징성을 위해서 주문한 그린은 영화의 주제가 되는 색이다. 듀런은 로비 터너의 키스를 부른 유혹적인 이 그린색 드레스를 이완 매큐언이 소설에서 묘사한 대로 '물 위를 걷는 듯한 느낌'으로,

또한 조 라이트 감독의 주문 대로 '깊이 있는 모던한 느낌의 여신 드레스 느낌'으로 디자인했다. 라임색의 실크와 블랙그린의 오간자와 쉬폰으로 구성된 오묘한 그린색 드레스는 너무 섬세해서 쉽게 부스러질 것 같아 보였다. 후문에 의하면 듀런은 장면에 맞는 녹색을 표현하기 위해 100마(1마 =91.44cm) 이상의 흰색 비단에다가 그린 톤의 변화를 조금씩 주는 실험을 거듭했다고 한다.

세실리아가 그린빛 드레스를 입은 날은 그녀의 운명이 뒤바뀐 날이며 세실리아와 로비가 뜨거운 장면을 연출한 여름밤이자, 비극적인 결말의 터닝 포인트가 된 날이었다.

세실리아가 몸에 살짝 걸친, 거의 누드 느낌이 나는 그린 드레스는 우아함과 유혹, 젊음, 섹시함을 드러냈지만 깊숙이 파인 등판과 바닥까지 끌린 스커트 뒷자락은 그 시대의 스타일을 동시에 반영했다.

이 옷은 특히 벨 에포크(프랑스어로 '좋은 시대'라는 뜻. 정치적인 격동기를 치른 후에 평화와 번영을 구가하던 1890~1914년에 이르는 기간) 시대의 유명한 쿠튀리에르(여자 재봉사)인 잔느 파퀸(Jeanne Paquin, 1869~1936)의 1930년대 의상과 아주 비슷하다. 잔느 파퀸은 1920년에 디자인하우스를 그만두었지만 1930년대까지도 그녀의 정신이 계승됐는데 이 바이어스 컷과 부드럽게 드레이프된 드레스가 잔느 파퀸의 특성을 고스란히 나타낸다. 스파게티 어깨끈과 힙 부분의 리본도 마찬가지다. 세실리아는 샤넬의 다이아몬드가 박힌 화이트 골드의 별모양 머리 핀과 넓은 팔찌, 발리(Bally)의 금빛 신발로 드레스 코디를 마무리했다.

이 시기엔 전쟁으로 지퍼 사용이 금지됐는데, 영화를 볼 때 전쟁시기의 의상들에 지퍼가 달렸는지 아닌지를 눈여겨보는 것도 관전 포인트라고 하겠다.

영화의 의상들은 1930년대를 재해석한 1970년대 스타일이다. 스타일뿐만이 아니다. 키치 느낌의 부티 나는 소재는 의상을 현대적인 감각으로 돋보이게 한 요인이 됐다.

그린 드레스 외에 잠자리 날개 같은 기운이 느껴지는 세실리아의 시스루(see-through) 실크 꽃문양 블라우스와 스커트는 재클린 듀런이 그린 드레스보다 더 심혈을 기울인 의상으로 알려졌다. 그가 연못으로 뛰어들 때 입은 실크 속치마와 흰색 원피스로 된 수영복, 모자는

나체 느낌을 주기 위해 스트레치 소재로 만들었다. 실제로 영화에서
도 나체처럼 보인다.

브라이오니에 의해 조롱당한 주인공 로비의 의상은 일하는 의상
에서부터 군인 유니폼에 이르기까지 매력적으로 제작됐다. 듀런은
남성복 디자인에서 턱시도와 양복에 꾀죄죄하고 오래된 듯한 시대적
느낌을 주지 않으려고 현대식 재단을 사용했다. 1930년대는 지금보
다 남성복 허리선이 위에 있어 배우들이 불편해했으므로 듀런은 과
감하게 허리선을 낮추어 제작했다.

브라이오니의 옅은 청색 의상(왼쪽)과 2차대전 당시의 군복을 보여주는 로비의 의상(오른쪽)

세실리아의 캐릭터가 그린 색상으로 묘사됐다면 동생 브라이오
니의 캐릭터는 블루 계열로 전개된다. 어린 브라이오니는 페일 블루
색상 의상을 많이 입었다. 원래 간호사 유니폼은 라일락 색상이었으
나 브라이오니는 가장 도전적으로 보이는 블루 색상의 간호복을 입
었다.

03
섹시, 섹시, 섹시 마릴린 먼로의
송풍구 드레스
〈7년 만의 외출〉

크리스찬 디올이 1947년 '뉴 룩(New Look, 종아리 길이의 풍성한 스커트에 허리선을 강조한 여성미 넘치는 스타일)'을 발표한 직후, 1950년대 미국 패션계는 역사상 가장 다양한 스타일의 패션 시대를 맞았다. 그 중심에 마릴린 먼로가 있었다. 먼로는 순진무구함과 관능미를 결합시킨 이미지로 대중을 매료시켰고 1950년대 영화계에 신화를 창조해 마침내 20세기 대중문화의 상징이 됐다.

마릴린 먼로를 떠올리면 가장 먼저 생각나는 것이 빌리 와일더(Billy Wilder, 1906~2002) 감독의 1955년 영화 〈7년 만의 외출〉이다. 가족으로부터 해방된 남자의 일탈을 그린 이 영화에서 정작 대중의 주목을 가장 많이 받은 것은 마릴린 먼로였다. 이 영화에서 먼로는 지하철 환기구 위로 불어온 바람에 갑자기 치솟은 치마를 부여잡는 장면을 연기했다. 치마를 잡는 그녀의 얼굴에 나타난 절정의 표정은 많은 영화 팬들의 뇌리에 강하게 남게 됐다. 마릴린 먼로를 영원한 섹시 심벌로 자리매김하게 한 이 장면 이후 이를 패러디한 영상이 수없이 쏟아졌다.

윌리엄 잭 트라빌라와 마릴린 먼로

이 영화에서 먼로의 아이코닉 드레스인 흰색 칵테일 드레스를 디자인한 사람은 윌리엄 잭 트라빌라(William Jack Travilla, 1920~1990)였다. 아카데미 의상상이 제정된 이듬해 〈돈 쥬앙의 모험〉(1949)으로 아카데미상을 탄 그는 아카데미 영화의 상상에 네 차례 후보에 오르기도 했다. 그는 〈신사는 금발을 좋아해〉, 〈백만장자와 결혼하는 법〉 등 마릴린 먼로가 나오는 영화에 여덟 번이나 참여했다. 특히 〈7년 만의 외출〉에서 어깨와 등이 드러나고 가슴에서 연결된 끈을 목 뒤로 묶는 홀터넥 디자인에 허리를 죈 원피스 드레스는 가슴 부분이 강조되어 먼로의 풍만하고 글래머러스한 몸매를 그대로 잘 드러내 센세이션을 일으켰다. 글래머러스한 마릴린 먼로의 스타일은 남성들의 마음을 동요시키면서 여성들에게는 이를 모방하고자 하는 욕구를 불러일으켰다.

'글래머'는 성적 매력으로 조합된 자세와 개인적 매력을 뜻한다. 이를 패션계가 활용한 것이 '글래머 룩'이다. 하지만 패션계에서 보통명사로서의 '글래머 룩'은 금발에 모래시계형 체형으로 순진하면서도 자유분방한 성적 이미지의 섹시 심

글래머를 강조한 또 다른 홀터넥 드레스

벌인 마릴린 먼로의 룩으로 정의될 정도다.

밝고 화사한 피부에 반쯤 감긴 듯한 눈화장의 먼로는 선정적인 빨간 입술과 입가의 애교 점, 의상을 통해 육감적인 매력을 극대화했다. 여기에는 하이힐도 한몫했다. 당시 그가 선택한 것은 무려 11cm 높이의 페라가모(Salvatore Ferragamo) 하이힐이었다. 그는 평소 하이힐을 탐닉했고, 특히 페라가모 마니아였다. 이 장면에서 그는 자신의 각선미를 살리기 위해 페라가모 구두를 이탈리아에서 급히 공수해 왔다고 전한다.

'먼로 워크'란 말이 있다. 먼로는 섹시해 보이기 위해서 의도적으로 하이힐의 한쪽 끝을 살짝 잘라 균형이 맞지 않게 하고 뒤뚱거리

는 걸음을 연출해서 히프에서 다리에 이르는 선을 강조하는 선정적
인 걸음걸이인 먼로워크를 유행시키기도 했다.

여성스러운 옅은 핑크빛 의상은 먼로의 섹시함을 강조했다.

영화에서 마릴린 먼로의 의상은 순진하고 여성스러운 이미지를 주
는 화이트나 핑크색이 주를 이루었다. 실루엣도 먼로의 글래머러스
한 몸매를 그대로 드러나게 디자인됐다. 먼로는 이 영화에서 환기구
드레스를 비롯해 어깨를 드러내고 가슴을 강조한 홀터넥 원피스를
세 차례나 입었다. 귀여운 꽃무늬 원피스와 흰색 비즈가 수놓인 홀터
넥 원피스는 몸매를 그대로 드러낸 인어 스타일이었다. 또 편안하고
캐주얼한 이미지의 핑크색 7부 튜닉이나 단정한 시프트 흰색 원피스
로 사랑스러운 여성 이미지를 나타내기도 했다.

먼로의 환기구 드레스는 이후 미국 시사주간지 『타임』에서 선정한
'20세기 영화 속 최고의 걸작 패션 10'에서 2위를 차지했다. 이 의상
은 지난 2011년 경매에서 영화의상 역사상 최고가인 552만 달러, 우
리 돈으로 약 66억 원에 팔렸다.

〈7년 만의 외출〉은 원제목이 'The Seven Year Itch'였다. 'itch'는 '가
려움'으로 해석되는데, 이를 의역하면 '참을 수 없는 욕망', '강한 바
람기'를 뜻한다. 직역하면 '남자들은 결혼 7년차에 바람기를 느낀다'

로 풀이할 수 있겠다. 당시 중년 남성이 여름 휴가를 떠난 아내와 자식 몰래 바람을 피운다는 내용은 당시 미국 사회에서는 절대 통용될 수 없는 음란한 콘텐츠였다. 그만큼 1950년대 미국은 보수 국가의 이미지가 강했고 실제로 육체의 개방을 엄격히 통제했다. 여성의 사회적 지위도 인정하지 않았다.

이 같은 기준은 오히려 할리우드에서 더 강하게 적용됐다. 이 때문에 환기구 장면은 뉴욕의 그랜드 센트럴역 근처에서 촬영됐음에도 검열에 걸려 스튜디오에서 다시 찍는 소동을 벌였다.

이런 보수사회를 단숨에 해방시킨 것이 먼로였다. 마릴린 먼로는 미국의 역사에서 이처럼 깊은 인상을 남기고 미국의 섹시 심벌로 자리매김하여 1950년대 보수적이던 미국 사회에 문화적 개방을 주도했다. 먼로 덕분에 여성의 사회적 지위도 급상승했다.

〈7년 만의 외출〉에서 뉴욕의 지하철 환기구 바람에 날리는 하얀 원피스 치맛자락을 두 손으로 잡는 포즈는, 8m 높이의 '포에버 마릴린(Forever Marilyn)'이라는 제목의 마

릴린 먼로 동상으로 제작되어 2011년 시카고 다운타운인 파이오니아 코트 (Pioneer Court)에 10개월간 전시됐다. 대형 조형물을 제작해 공공장소에 전시하는 것으로 유명한 조형예술가 J. 슈어드 존슨(J. Seward Johnson)의 작품이다. 퇴폐적 상업주의와 선정성 논란을 빚었던 8미터 높이의 초대형 먼로 동상은 지금은 비영리기관인 조형물 재단으로 옮겨져 있다.

04
때론 강렬하게 때론 평화롭게,
그린 패션

〈위대한 유산〉

이 영화를 본 모든 사람이 말한다. 이 영화 스타일링의 주제는 '그린(Green)'이라고. 건물도, 인테리어도, 나무도, 길거리 가로등도 다 녹색으로 채색됐기 때문이다. 에메랄드 그린, 올리브 그린, 청색이 감

도는 그린, 갈색이 감도는 그린, 민트색 그린, 흰색을 띠는 그린, 라임색, 이끼색, 청자색, 녹청색, 암청색, 연두색, 남청색이 영화 〈위대한 유산〉(1998)에서 사용된 그린색 이름들이다.

19세기 영국을 대표하는 소설가 찰스 디킨스(Charles Dickens, 1812~1870)가 살았던 빅토리아 여왕 시대의 영국 사회는 산업혁명의 여파로 중산 계급이 물질적인 부를 축적하게 되었고, 이를 바탕으로 급속히 성장했다. 그 결과 중산 계급은 정치·경제적으로 사회의 주도권을 새롭게 장악해나갔다.

자본주의 체제가 확고해지면서 빅토리아 시대 영국 사회에서는 한 인간의 도덕성이나 인격보다는 물질적 능력이나 옷차림새 또는 세련된 매너 같은 외적 요소가 신사로 인정받는 결정적인 기준이 되었다. 디킨스가 1861년 발표한 『위대한 유산』은 빅토리아 시대 영국 사회에 만연한 금전 만능주의를 비판하고 진정한 위대한 유산은 아낌없이 주는 사랑임을 강조한 소설이다.

어느 시대를 막론하고 보편적인 주제여서 현대 독자에게도 감동적인 이 소설은 1946년 처음 영화로 제작되었다. 1998년에는 알폰소 쿠아론(Alfonso Cuarón) 감독이 패션과 아트를 결합하여 영화를 리메이크했다. 녹색에 대한 개인적 집착으로 영화에 그린 색상을 유독 많이 쓰기로 유명한 쿠아론 감독은 신분 상승의 욕망과 사랑, 그리고 인간성의 문제를 에메랄드 그린 도시 속에서 회화적으로 풀어냈다.

녹색은 파란색의 고요함과 노란색의 에너지가 합쳐진 색상이다. 또, 강렬하지도 침체되지도 않은 중성적인 느낌을 준다. 미국 색채 연구소인 팬톤 연구소는 그린을 균형 잡힌 색으로 표현했으며 "심리적인 안정감을 줄 뿐 아니라 자연 친화적"이라고 언급했다. 그래서

초록색으로 전개되는 영화 속 뉴욕의 이미지들

소주병 색이 초록인 것은 다분히 의도적인 색상 마케팅이라고 할 수 있겠다.

감독으로부터 모든 의상 색상을 그린으로 하라는 난감한 주문을 받은 의상감독 주디아나 마코프스키(Judianna Makovsky)는 영화 장면마다 등장하는 모든 주인공의 녹색 의상을 재질, 문양, 장식, 색상 톤으로 구별해 다양하게 선보였다. 스토리의 전달 내용에 따라 청색빛을 띤 녹색은 대담하고 강렬한 이미지, 옅은 녹색은 평화로움, 카키색은 인내심과 신뢰감을 준다는 색상 고유의 성격을 이용했다.

영화는 여자 주인공 에스텔라(기네스 펠트로Gwyneth Paltrow)가 주로 입는 녹색 의상의 미미한 톤 변화로 스토리를 끌고 나갔다. 남자 주인공 핀(에단 호크Ethan Hawke)의 녹색 의상 톤은 거의 변화시키지 않고 에스텔라를 변하게 함으로써 같은 녹색인 둘 사이의 의상이 차이가 나도록 했다. 핀의 연한 카키색, 진한 카키색은 핀의 인내심과 신뢰감을 표현했다.

기네스 펠트로는 이 영화에서 한 가지 색깔로 얼마나 다채로운 스타일링이 가능한지를 보여주었다. 또 그린 컬러를 자유자재로 변주하며 팜므파탈의 매력을 완성했다.

'매력적인 얼음 공주'라는 애칭을 갖고 있는 금발의 기네스 펠트로가 입은 그린색 의상들은 패션디자이너 도나 카란(Donna Karan)이 맡았다. 도나 카란은 가장 뉴욕적인 디자인을 하는 세계적 패션디자이너다. 감각적이되 편안하고 기능적인 면을 우선적인 가치로 여긴다는 점에서 샤넬과 비교하여 뉴욕의 샤넬이라고 불린다. 기네스 펠트로의 초록 의상들은 도나 카란이 1996년 가을/겨울 콜렉션에서 선보인 의상이다.

초록색 실크원피스에 초록색 신을 신은 어린 날의 에스텔라와 카키색 톤의 핀

의상감독 마코프스키는 패션디자이너가 영화의 의상을 맡으면 안 된다고 생각하는 사람이었다. 패션디자이너가 영화의상을 만드는 것은 영화의 위신을 떨어뜨리는 일이라 생각했기 때문이다. 처음 감독이 영화의상을 위해서 랄프 로렌과 베르사체, 아르마니와 접촉했다고 했을 때 그는 완강하게 거부했다. 그러나 의상에 예산이 많지 않은 관계로 마코프스키는 결국 도나 카란에게 협찬을 부탁할 수밖에 없었다. 도나 카란 측은 마코프스키에게 예

뉴욕 센트럴파크에서 10년 만에 핀 앞에 나타날 때 에스텔라가 입은 도나 카란의 초록색 저지 투피스

닐곱 벌의 의상을 제공했다. 그러나 영화의 나머지 의상은 전부 마코프스키가 직접 디자인했다.

에스텔라의 초록색 의상 중, 뉴욕 센트럴파크에서 10년 만에 핀 앞에 나타날 때 입은 도나 카란의 초록색 저지 투피스는 할리우드 영화 중 손꼽히는 아름다운 의상이다. 도나 카란은 미국의 커리어우먼에게 가장 많은 영향을 끼친 패션디자이너로 유명하다. 그가 디자인한 영화의 핵심이 되는 그린 투피스는 자연스럽지만 세련된 의상으로 감각적이면서 편안하게 디자인됐다. 셔츠의 단추를 하나만 채워 허리가 드러난 윗도리와 딱 달라붙는 롱스커트로 구성된 저지 그린 투피스는 관능적이면서도 세련되어 핀을 도발하기에 충분했다. 결과적으로 그린이 가져다주는 지적인 분위기 속에 힐긋 보이는 노출은 굳이 글래머러스한 몸매가 아니라도 충분히 섹시할 수 있음을 보여줬다. 팜므파탈의 전형처럼 야한 옷으로 큰 가슴을 강조하지 않고도 에스텔라의 모습은 성적 매력을 풍겼다.

그런데 영화에서 에스텔라의 의상보다 더 강렬한 인상을 준 의상은 알콜중독자이며 정신장애를 가진 채 비탄에 빠져 사는 괴팍한 노

두텁게 그로테스크한 화장을 했지만 여성스럽고 소프트한 드레스를 입은 딘스무어와 옅은 그린 색상의 체크무늬 셔츠를 입은 핀.(왼쪽) 그린 톤의 의상과 과한 화장, 액세서리가 그로테스크한 딘스무어의 모습과 묘하게 어울린다.(오른쪽)

인 미스 덴스무어(앤 밴크로프트Anne Bancroft, 1931~2005)의 의상이다. 그의 의상은 믿어지지 않을 만큼 쇼킹했다. 그는 부티가 줄줄 흐르면서도 미친 것 같은 모습으로 단장했다. 새틴과 레이스와 실크 쉬폰으로 된 갖가지 그린 톤의 의상과 가발과 화장은 과장되기 했어도 묘하게도 매혹적이었다. 덴스무어의 의상은 아카데미 의상상이 생긴 이래 여덟 번이나 의상상을 받은 전설적 영화의상 디자이너 에디스 헤드(Edith Head, 1897~1981)의 〈선셋 블루버드〉 속 영화의상에 주디아나 마코프스키가 영향을 받아 제작했다.

이 영화의 매력은 무엇보다도 패션과 아트가 결합한 데 있다. 현존하는 이탈리아 현대화가 프란체스코 클레멘테(Francesco Clemente)가 이 영화에서 보여준 예술작업은 영화와 패션과 아트가 결합했다는 것을 증명하는 요소다. 시적인 그림이면서도 묘하게 운동감이 느껴지는 클레멘테의 회화는 영화를 끌고 나가는 중요한 요소로 작용했고 영화에 깊이를 더했다. 원작에는 없는 새로운 설정으로 주인공 핀이 화가로 등장하면서 클레멘테는 200여 점의 매혹적인 작품을 이 영화에 제공했다.

이탈리아 화가인 프란체스코 클레멘테의 그림.
영화에서 핀이 에스텔라를 그린 그림이다.

05

할리우드 역사상
최고의 아이콘 드레스

〈바람과 함께 사라지다〉

1939년 개봉작 〈바람과 함께 사라지다〉는 전 시대를 통틀어 가장 성공한 영화다. 기네스 세계기록에는 물가상승률을 반영한 이 영화의 전 세계 수입금이 영화사상 최고였다고 기록되어 있다. 〈아바타〉

와 〈타이타닉〉은 그다음 자리에서 서로 다퉜다고 한다. 그만큼 〈바람과 함께 사라지다〉가 절대 우위를 차지한다. 마거릿 미첼(Margaret Mitchell, 1900~1949)이 1936년에 쓴 동명소설은 이듬해인 1937년에 퓰리처상을 받았고, 영화는 1939년에 개봉했다. 한국에서는 1955년 상영됐다.

〈바람과 함께 사라지다〉는 감독 빅터 플레밍(Victor Fleming, 1889~1949)의 영화가 아니라 제작자 데이비드 셀즈닉(David Oliver Selznick)의 영화다. 1930~40년대 할리우드에서 감독은 대부분 연출가에 불과했다. 화면에 나오지도 않는 배우의 속옷까지 최상급을 고집하는 완벽주의자 제작자 셀즈닉은 하나부터 열까지 영화의 모든 것을 진두지휘했다. 처음부터 최고의 할리우드 영화를 만들겠다는 셀즈닉의 포부로 출발한 〈바람과 함께 사라지다〉는 이후 수십 년 동안 대작영화의 기준이 됐다.

셀즈닉은 베이실 라스본(Basil Rathbone, 1892~1956)을 기용하라는 원작자 미첼의 제안을 무시하고 영화의 매력적인 주인공인 레트 버틀러 역에 당시 팬들에게 가장 인기가 있던 클라크 게이블(Clark Gable, 1901~1960)을 캐스팅했다. 영화 제작 전 홍보의 일환으로 미국 전역에서 주인공 스칼렛 오하라(비비안 리Vivien Leigh, 1913~1967) 역 캐스팅 오디션을 연 것도 셀즈닉의 기획이었다. 그는 60명의 여배우를 테스트했는데, 그중에는 베티 데이비스, 캐서린 헵번, 마거릿 설리번, 라나 터너, 수전 헤이워드도 있었다고 전해진다.

영화는 남북전쟁(1861~1865)이 벌어지기 전, 평화롭고 아름다운 땅이었던 미국 남부 조지아 주 애틀랜타가 배경이다. 영화는 스칼렛의 고향인 대농장 '타라'가 상징하는 1860년대 초반의 농업 사회에서 남부의 산업화가 시작되는 1880년대까지의 사회 변화를 추적했다. 역사학자들은 미국이 남북전쟁을 통해서 산업혁명을 이루었다고 평가한다. 『바람과 함께 사라지다』는 미국 소설문학의 방향을 제시하는 데 일조했으며, 무엇보다도 자국의 역사를 바라보는 미국의 관점에 지대한 영향을 미쳤다는 점에서 하나의 문화현상이라 불릴 만하다.

복잡하지만 매력적인 19세기 의상은 이 영화에서 거부할 수 없는 매력이다. 영화는 남북전쟁과 전쟁 이후의 재건 시대 패션이 어떻게 변하는지를 정확히 조명했다. 의상의 실루엣은 복식사적 고증에 의해서 크리놀린 스타일에서 버슬 스타일로 변했다. 즉, 남북전쟁 시기의 스커트 폭이 극도로 넓은 '크리놀린 스타일'과 남북전쟁 후 재건 시기의 '버슬 스타일'의 변화를 세밀하게 보여주었다. 의상 실루엣의 변화를 더 구체적으로 분류하자면 남북전쟁 초기 의상, 전쟁이 심했던 시기, 전쟁 종료 후 레트와 경제적으로 풍요로운 생활을 하던 시기의 세 시기로 나눌 수 있다.

남북전쟁 초기 의상은 전원적이고 부유한 농장주의 딸임을 알아챌 수 있는 화려한 스타일로, 스칼렛은 챙이 넓은 모자를 쓰고 몸판에는 프릴 칼라를 달아 사랑스러운 이미지를 주는 크리놀린 스타일 드레스를 입었다.

전쟁 중반기 의상 색상은 차분한 색조의 중간 톤인 갈색과 베이지 톤인데 장식이 거의 없고 노동에 편리한 스타일로, 가난하고 어려운 생활을 표현했다. 이 시기엔 장식 없는 스탠드 칼라와 플랫 칼라가 많이 선보였다.

결혼 후에는 장식적인 스타일의 색상과 무늬를 가진 의상으로 화려하고 강한 이미지를 보여주었다. 엉덩이의 뒷부분만 강조한 실루

남북전쟁 초기 크리놀린 드레스. 전원풍의 화려한 스타일로 스칼렛이 부유한 농장주의 딸 신분임을 보여준다.(왼쪽) 스칼렛의 강렬한 성격을 보여주는 붉은색 크리놀린 드레스(오른쪽)

남북전쟁 중기의상. 장식이 없는 차분한 색조의 중간톤 의상으로 어려운 생활고를 보여준다.

전쟁 후 재건 시기의 버슬 드레스는 이전의 크리놀린 드레스와 대조를 이룬다.

엣의 버슬스타일이 등장해 시대가 변했음을 명확히 표현했다.

의상 디자이너 월터 플런켓(Walter Plunkett, 1902~1982)은 시대복에 대한 꼼꼼한 조사를 거쳐 비비안 리의 의상을 사치스럽고 화려하게 만들었다. 그는 수개월 동안 남북전쟁의 발자취가 남아 있는 남부지방을 여행하면서 그곳 의상을 스케치했다. 또 크리놀린에 사용되는 버팀대와 버슬(스커트에 허리받이를 넣어 엉덩이 부분을 불룩하게 한 스타일) 만드는 법을 배우려고 일부러 파리를 다녀오기도 했다.

그런데 영화에서는 시대를 거스르는 디자인이 한 가지 있다. 바닥까지 길게 내려오는 소매 스타일은 19세기 후반이 아니라 중세 귀족 스타일인데 월터 플런켓이 드라마틱한 효과를 위해서 첨부한 스타일이다.

일반적으로 시대 영화에 사용되는 옷감은 그 시대 것이 아니다. 그러나 월터 플런켓은 영화에 사용된 옷감을 진품으로 구했다. 필라델피아 텍스타일 공장에서는 1840년대 옷감 표본 책을 가지고 그 시절과 똑같은 옷감을 생산했는데, 월터 플런켓이 이 공장과의 계약을 통해 당대 옷감을 그대로 짰던 것이다.

그는 할리우드 영화사에서 보조 디자이너를 둔 첫 번째 영화의상 디자이너이기도 했다. 이 영화에서 400벌 이상의 의상을 직접 디자인했고, 50명이 넘는 주요 캐릭터와 엑스트라 의상까지 합쳐서 5,500벌의 의상을 맡았다.

스칼렛이 입은 의상은 모두 44벌인데, 그 하나하나가 깊은 인상을 주었다. 이 영화는 무려 열 개의 아카데미상을 수상한 작품이다. 그럼에도 이 영화는 아카데미에서 의상상을 받지 못했다. 이유는 뭘까? 1939년에는 아카데미 의상상이 없었다. 의상상은 1948년에 제정되었기 때문이다.

　이 영화의 아이콘 드레스는 스칼렛이 레트에게 돈을 빌리러 갈 때 입었던 옷으로, 농장집의 녹색 벨벳 커텐을 뜯어 만든 의상이다. 월터 플런켓은 '커텐 드레스'라는 별명을 갖고 있는 이 드레스가 '영화 역사상 가장 유명한 의상이 될 것'이라고 장담했는데 실제 그 말이 이루어졌다. 1860년대의 시대의상에 뿌리를 둔 이 드라마틱한 크리놀린 스타일 의상은 그 아름다움 이면에 감추어진 스칼렛의 투쟁적 삶과 함께 가족을 위한 몸부림의 내면의 모습을 보여준다.

　영화에서 보여준 스칼렛의 성격은 미국이 지닌 개척정신과 도전정신으로 내일에 대한 희망을 나타냈다.

영화역사상 가장 유명한
스칼렛의 녹색 커텐 드레스

PART
02

영화 속 빛나는
웨딩드레스

06
머리끝부터 발끝까지
사랑을 입다

〈섹스 앤 더 시티〉

　여성들이 좋아할 수 있는 내용으로 가득 찬 영화 〈섹스 앤 더 시티〉는 패션에 대한 여성의 욕망을 한껏 부풀렸다. 하지만 이 같은 생각은 영화의 표피만 보고 섣부르게 판단한 결론일 개연성이 높다. 영화의 진짜 매력은 그러한 여성의 욕망을 사회적 힘으로 끌어올렸다는 데서 찾을 수 있기 때문이다.

〈섹스 앤 더 시티〉는 마이클 패트릭 킹(Michael Patrick King) 감독이 각본과 제작까지 맡은 2008년 미국 영화로, 1998~2004년까지 TV 드라마로 방영되어 소개된 이후 배경이 되는 뉴욕뿐 아니라 전 세계적으로 젊은 여성들 사이에 뉴욕 스타일의 열풍을 일으킨 미국 HBO사의 '섹스 앤 더 시티' 드라마 시리즈를 원작으로 하고 있다.

드라마 시즌 6의 마지막으로부터 연결되고 있는 이 영화는 뉴욕을 대표하는 화려한 싱글녀이자 잘나가는 유명 칼럼니스트 캐리(사라 제시카 파커Sarah Jessica Parker), 자유분방하고 화끈한 홍보전문가 사만다(킴 캐트럴Kim Cattrall), 깔끔한 커리어우먼의 전형적인 스타일을 보여주는 냉소적이고 지적인 변호사 미란다(신시아 닉슨Cynthia Nixon), 순진한 로맨티스트 화랑 딜러인 샬롯(크리스틴 데이비스Kristin Davis)이 네 주인공이다. 이들의 로맨틱한 사랑과 솔직하고 대담한 성 이야기가 영화의 얼개를 이루지만 다섯 번째 주인공이라고 불린 개성 넘치는 이들의 패션스타일은 이 영화의 인기를 더욱 배가시켰다.

의상감독은 드라마 패션계의 거장이며 영화 〈악마는 프라다를 입는다〉에서 스타일리스트로 활약한 패트리샤 필드(Patricia Field). 참고로 패트리샤 필드는 〈섹스 앤 더 시티〉가 방영된 2008년에 65세였다. '섹스 앤 더 시티'의 드라마와 영화를 통해 그는 패션을 상업성 이상의 문화로 격상시켰다는 호평을 받고 있다. 패트리샤 필드는 TV 드라마 시리즈 초반엔 옷 한 벌 빌리기가 쉽지 않았다고 한다. 유명 브랜드가 협찬을 꺼렸기 때문에 패트리샤는 브랜드의 의상협찬 없이 직접 제작한 의상과 뉴욕의 빈티지 시장을 샅샅이 뒤져 주인공 네 명에게 입힐 수밖에 없었다. 그런데 한 시즌이 끝나기도 전에 "제발 잠시만 노출해 입어달라"는 쪽지와 함께 브랜드 의상들이 그녀 앞에 산처럼 쌓이기 시작했다. 마침내 영화 〈섹스 앤 더 시티 1〉이 방영된 이후에는 탑 디자이너들이 앞다투어 그들의 패션쇼에 필드를 초청해서 제일 앞줄에 앉게 했다. 다음 번에 제작될 〈섹스 앤 더 시티〉 영화에 그들의 옷이 픽업되기를 바라서였다. 소매 상점들은 필드가 칭찬했던 스타일의 의상과 액세서리를 무조건 제일 앞에 진열했고 패션 전공 학생들은 그녀를 추종했다.

각자의 전문성과 캐릭터를 보여주는 패션스타일

필드는 의상에 패션 트렌드를 반영하지 않고 스토리가 전개됨에 따라 어떤 주인공이 어떤 옷을 입어야 하는가에 초점을 맞추어 의상을 스타일링했다. 또 그는 캐릭터의 상황와 마음 상태를 설명하기 위해서 의상의 문양과 소재에 특히 신경 썼다.

뉴욕의 부유한 동네를 상징하는 파크 애버뉴에 사는 샬롯의 의상은 이전의 캐주얼한 느낌에서 벗어나 좀 더 세련되게 변했는데, 샬롯의 스타일은 재클린 케네디의 의상에서 영감을 받은 것이다. 변호사 미란다는 미국의 클래식한 WASP(White Anglo-Saxon Protestant의 약자로 흔히 미국 주류 지배계급을 뜻함)스타일을 따랐다. 미란다의 스타일을 위해서 프라다(Prada)와 마이클 코어스(Michael Kors)의 의상이 동원됐다. 남자친구와 함께 캘리포니아로 이사 간 자유분방한 사만다는 드라마에서 선보인 스타일보다 더 본능에 충실한 의상을 입게 했다.

관심거리였던 주연배우들의 패션스타일 중에서도 가장 주목받은 인물은 역시 캐리 역의 사라 제시카 파커다. 뉴욕을 대표하는 화려한 싱글녀 캐리의 스타일은 영화의 감정선을 나타내는 동시에 뉴욕의 생동적인 생활을 그대로 반영하는 스타일이다. 패트리샤 필드는 뉴욕생활을 영위하기 위해 꼭 필요한 요소인 로맨티시즘과 신념에 찬 생활태도를 의상에 반영했다. 캐리는 영화 속에서 무려 81벌의 옷을 선보였다. 패션잡지 『보그』에 섹스와 연애에 관한 도시 여성의 심리를 기고하는 그는 특히 구두 전문 브랜드 지미 추(Jimmy Choo)와 마놀로 블라닉(Manolo Blahnik)에 열광하고 프라다와 펜디 의상을 흠모

텍스타일의 믹스매치를 멋지게 소화한 캐리의 의상

빅에게서 선물받은 마놀로블라닉 구두

하는 뉴요커다. 그녀는 절반은 세련되고 우아한 모습을, 절반은 실험적인 패션을 선보였다. 고급 디자이너 스타일과 빈티지 스타일을 함께 코디하고 패션소품으로 스타일을 완성한 캐리의 취향은 여성 관객의 눈을 홀렸고, 영화 상영 이후 실제로 그가 입은 의상이 세계적인 패션 트렌드가 됐다. 캐리의 스타일은 21세기 뉴욕 스타일을 정의하게 됐다.

영화는 드라마와 차별화된 패션을 하나 선보였는데, 바로 웨딩드레스다. 캐리는 극중에서 결혼식을 준비하면서 자그마치 40벌 이상의 웨딩드레스를 스크린에 등장시켰다. 영화 역사상 이렇게 많은 명품 브랜드의 웨딩드레스를 협찬받은 사례는 없다. 그만큼 패션계에 대한 영화 〈섹스 앤 더 시티〉의 영향력이 컸다. 이 40벌 이상의 웨딩드레스들은 전 세계 예비신부들의 혼을 빼놓았다. 『보그』지에 실리는 웨딩드레스들을 입은 장면은 실제 미국 『보그』지 제작팀의 저명한 사진 작가와 편집자, 사진 편집자가 합세해서 찍었다.

영화에서 『보그』지에 선정된 드레스는 베라 왕(Vera Wang), 캐롤라이나 헤레라(Carolina Herrera), 크리스찬 라크루아(Christian Lacroix), 랑방(Lanvin), 존 갈리아노(John Galliano), 오스카 드 라 렌타(Oscar de la Renta), 비비안 웨스트우드(Vivienne Westwood)의 2007, 2008년 봄/가을 웨딩드레스다.

그런데 이 많은 웨딩드레스 중 캐리가 최종적으로 선택한 것은 뭘까? 바로, 지난 2007년 비비안 웨스트우드 가을 컬렉션에 나온 작품이었다. 이 영화에서 선택된 비비안 웨스트우드의 웨딩드레스는 영화 덕분에 아주 인기 있는 드레스가 됐다. 비비안 웨스트우드의 이 웨딩드레스는 15,700달러(약 1,700만 원)을 호가하면서도 신부들이 6개월을 기다린 후에야 입을 수 있었고 무릎까지 오는 짧은 길이로

캐리가 최종적으로 선택한 비비안 웨스트우드의 웨딩드레스

변형 제작된 드레스도 9,875달러(약 1,100만 원)에 팔고 있는데 아직도 캐리처럼 되고 싶은 여성들이 이 드레스를 사기 위해서 줄 서 있다고 할 정도다.

영화를 보면서 옷을 잘 입는다는 것은 과연 어떤 의미일까, 하는 궁금증이 들었다. 우선 영화의 캐릭터처럼 패션 감각이 뛰어나야 할 것이다. 또 유명 디자이너의 옷을 소화할 수 있어야 할 것이다. 하지만 이런 요소보다 더 중요한 것은 바로 자신을 사랑하는 마음이 아닐까 싶다. 영화 속에서 캐리가 그랬다. "무엇을 입느냐보다 문밖에 나왔을 때 스스로 자신감을 가지는 게 중요합니다."

자신을 당당하게 사랑하기 때문에 자신만의 스타일을 만들 수 있고, 그 스타일이 자신만의 패션을 창조할 수 있다는 얘기가 아닐까.

07
웨딩드레스는 정했어?
〈신부들의 전쟁〉

"웨딩드레스는 정했어?"

이는 아마 예비신부들이 가장 많이 받는 질문일 테다. 결혼 시즌이
다가오면서 예비신부들의 관심은 온통 일생에 한 번 입게 되는 웨딩
드레스에 쏠려 있을 것이다. 결혼식 날만은 이 세상 그 누구보다 가
장 예쁘게 보이기를 바랄 테니까.

2009년 게리 위닉 감독의 〈신부들의 전쟁〉은 명품 웨딩드레스와 명품의상을 원 없이 보여주는 '칙 플릭(chick flick, 여성들이 좋아하는 주제, 사건, 인물이 나오는 영화)'으로 스크린을 통해 세계적인 명품 웨딩드레스를 원 없이 구경할 수 있는 영화다. 매력적인 여배우들의 패션과 웨딩풍경 등의 볼거리는 여성 관객이 좋아할 만한 요소로 가득하다. 여자들의 속내를 솔직하게 그려낸 영화는 결혼식의 겉치레에 대한 따끔한 충고와 함께 진정한 사랑과 우정이 무엇인지 이야기하고 있다.

이 영화는 프로듀서를 비롯해 각본가, 프로젝트 책임자 모두 여성 스태프로 구성돼 여자의, 여자에 의한, 여자를 위한 영화라고 할 수 있다.

어릴 적부터 아름다운 신부가 되는 순간만을 도란도란 얘기하며 죽마고우로 지낸 리브(케이트 허드슨Kate Hudson)와 엠마(앤 헤서웨이 Anne Hathaway). 리브와 엠마는 선물받은 다이아몬드가 몇 등급이고 몇 캐럿인지, 드레스의 브랜드는 무엇인지, 결혼식 음식 수준은 어떤지를 두고 끊임없이 수다를 떨며 결혼식을 준비한다. 그러고 보면 겉치레에 치중하는 '결혼식 거품'이 우리나라에만 있는 것은 아닌 모양이다. 티파니 다이아몬드 반지, 베라 왕 웨딩드레스, 특급 호텔 결혼식장 등 세상에서 가장 아름다운 결혼식을 상상하던 두 여성은 웨딩 플래너 비서의 실수로 같은 날, 같은 호텔에서 결혼식을 올리게 되면서 경쟁을 벌이고 결국 심각한 갈등을 일으킨다.

영화의 의상디자인은 캐런 패치(Karen Patch)가 맡았으나 영화에서 웨딩드레스를 디자인한 사람은 디자이너 베라 왕(Vera Wang)이다. '웨딩드레스의 여왕'이라고 알려진 베라 왕은 자신의 결혼식을 앞두고 자신의 웨딩드레스를 직접 디자인하면서 웨딩드레스 디자이너를 시작하게 됐다고 전한다.

베라 왕 드레스는 단순한 라인에 섬세한 디테일이 살아 있어 신체 곡선을 더욱 아름답게 한다는 평가를 받는다. 그래서인지 패셔니스타를 자처하는 한국 예비신부들이 입고 싶어 하는 웨딩드레스 영순위에 꼽힌다.

베라 왕은 제시카 로페즈, 샤론 스톤, 빅토리아 베컴, 레이튼 미스터, 첼시 클린턴 등의 웨딩드레스를 제작해 유명해졌다. 국내에서는 김남주, 심은하, 김민 등이 베라 왕의 웨딩드레스를 입고 결혼식을 올렸다.

영화에서 엠마와 리브의 드레스는 둘 다 웨딩드레스 디자

앤 헤서웨이의 2005년 베라 왕 드레스. 인어 스타일의 드레스는 그의 큰 키에 잘 어울린다.

인계의 여왕인 베라 왕 드레스다. 그러나 둘의 성격이 다른 만큼 웨딩드레스의 스타일도 확연히 다르다. 먼저 내성적이고 차분한 성격의 교사 역을 맡은 앤 해서웨이. 그는 심플하고 단아한 스타일의 웨딩드레스를 선보였다. 드레스는 베라 왕의 2005년 제품인데, 아이보리색의 어깨가 드러난 타페타 소재의 우아하고 클래식한 인어 스타일 드레스다. 그는 과거 어머니가 입은 구식 웨딩드레스를 세련되게 수선해 입었다. 긴 베일과 최소화한 보석으로 포인트를 주고 핑크 로즈 부케를 들어 캐릭터 특유의 섬세한 감성도 잘 표출했다.

케이트 허드슨의 2009 베라 왕 웨딩드레스. 몸판의 수작업된 레이스가 정교하고 로맨틱하다.

영화배우 골디 혼(Goldie Hawn)의 딸로도 유명한 여배우 케이트 허드슨이 실력 있는 변호사 리브 역을 맡았다. 케이트 허드슨은 높은 연봉의 커리어우먼답게 웨딩드레스에서도 완벽함을 추구했다. 그녀는 사이즈가 이미 정해져 있는 유명 디자이너의 웨딩드레스에 몸을 맞추기 위해 다이어트에 몰두하고, 무려 열 겹으로 된 무거운 스커트를 감당했다.

끈 없는 드롭 웨이스트 야회복은 몸판 부분이 섬세한 샹틸리 레이스(실크와 리넨으로 짠 레이스)로 수작업됐고 튤(망사처럼 짠 옷감)로 된 스커트 부분은 무려 10겹으로 층을 이뤄 사랑스럽고 로맨틱한 분위기를 자아냈다. 특히 허리에 달린 라벤더 색상의 새시(sash, 허리 장식띠)는 우아하고 달콤한 멋을 냈다. 새시 색상에 맞춰 부케도 라벤더색이다. 수작업으로 제작된 이 2009년 베라 왕 웨딩드레스는 할리우드 영화에서 가장 아름다운 웨딩드레스 톱 7에 올랐다. 이 제품은 그해 베라 왕 웹사이트를 통해 완판되기도 했다.

웨딩드레스 외에 앤 헤서웨이는 제이 크루(J. crew), 베라 왕, 휴고 보스(Hugo Boss), 세븐 포 올 맨카인드(7 for all mankind), 자라(Zara), 마크 제이콥스(Marc Jacobs) 평상복을 입고 케이트 허드슨은 버버리(Burberry), 돌체 앤 가바나(Dolce & Gabbana), 클럽 모나코(Club Monaco), 허드슨(Hudson)을 입었다. 캐런 패치는 고가와 중저가 브랜드를 골고루 섞어 패셔너블하고 캐릭터에 충실한 패션스타일을 보여주었다.

08
18세기의 잇걸

〈마리 앙투와네트〉

마리 앙투와네트와 루이 16세의 결혼식 장면

마리 앙투와네트(1755~1793)나 마담 퐁파두르(Marquise de Pompa-dour, 프랑스 루이 15세의 애첩), 마담 뒤바리(Madame Dubarry, 루이 15세의 마지막 애첩)의 생활양식은 영화, 문학, 패션을 비롯한 18세기 프랑스 문화에 지대한 영향을 끼쳤다. 이 중에서도 드라마틱한 인생을 살고 간 로코코 시대의 대표 아이콘 마리 앙투와네트는 18세기 유럽패션과 문화에 큰 영감을 주었다.

여성 감독인 소피아 코폴라(Sofia Coppola)가 2006년 제작한 영화 〈마리 앙투아네트〉는 화려하고 아름다운 영상부터 눈길을 끌었다. 영화는 루이 14세 이후 바닥난 재정이 루이 16세에 더 악화되면서 일어난 프랑스혁명의 회오리 속에 비극적 최후로 생을 마감한 비운의 왕비를 재조명했다.

영화는 마리 앙투와네트가 살던 베르사유 궁전에서 촬영됐는데, 영화의상과 가구, 인테리어, 케이크, 초콜릿에 이르기까지 정성이 가득한 소품 하나하나가 감탄을 자아냈다. 또한 클래식 음악이 아닌 모던락과 뉴에이지풍의 OST는 영화의 감각적인 영상미를 더욱 빛나게 하는 요소가 됐다.

로코코란 프랑스 루이 14세 사후인 1716년부터 프랑스혁명(1789년)까지의 유럽미술 양식이다. 유희와 쾌락의 추구에 몰두해 있던 루이 14세 사후, 프랑스 사회의 귀족계급은 사치스럽고 우아하고 유희적이며 변덕스러운 매력을 추구했다. 이들은 밝고 화려하고 세련된 귀족 취향을 바탕으로 전 시대인 바로크 시대에 비해서 섬세하고 날렵한 곡선의 비대칭적 조형을 추구했다. 이에 따라 로코코 시대의 패션은 섬세하고 리드미컬한 곡선과 꽃, 리본, 조화 등의 지나친 장식으로 새로운 모드의 바탕을 형성했다. 여성들은 립스틱을 바르고 머리를 다듬는 데 많은 시간을 보냈으며 향수를 구입하기 위해 상당히 많은 돈을 투자했다. 뺨은 붉게 칠하여 상기된 느낌을 연출했고 숱이 적은 눈썹을 보충하고자 인조눈썹을 붙였다.

18세기 프랑스는 화려하고 부강했다. 때문에 왕족과 귀족들은 사치와 향락을 마음껏 누릴 수 있었다. 그 정점에 루이 16세의 왕비인

꽃문양의 파스텔 톤 드레스를 입고 교회에서 예배 보는 모습(왼쪽)과
부채로 주걱턱을 살짝 가리고 매력적으로 웃고 있는 앙투와네트의 핑크 파스텔 톤 드레스(오른쪽)

마리 앙투와네트가 있었다. 오스트리아 합스부르크(Habsburg) 왕조
(유럽 최대의 왕실 가문으로 오스트리아의 왕실을 거의 600년 동안 지배했
다)의 여황제 마리아 테레지아의 열한 번째 딸인 마리 앙투와네트는
열네 살 어린 나이에 루이 14세의 손자 루이 16세에게 시집온 후 사
치스러운 삶을 살았다. 앙투와네트는 황실 디자이너로 로즈 베르댕
(Rose Bertin)을 채용해서 모드의 대신으로 임명하고 그 자신은 프랑
스 패션의 여왕이 됐다. 그는 당대의 '잇걸(화제의 인물)'이었고, 옷은
물론이고 헤어스타일, 보석에 이르기까지 모든 패션을 주도했다. 또
프랑스뿐 아니라 유럽 전체의 패션 리더가 됐다.

　홍미로운 이야기 하나. 오스트리아 합스부르크 왕가의 대를 이은
근친혼 때문에 선천적으로 주걱턱을 가진 마리 앙투와네트는 이를
늘 부끄럽게 여겨 웃을 때 일부러 부채로 턱을 가렸다고 한다. 하지

만 권력이 곧 패션이라고, 그의 이 같은 행동은 오히려 유럽 상류층 여성들에게 매력적인 에티켓으로 받아들여져 부채로 턱을 가리고 웃는 몸짓이 당시 크게 유행했다고 한다.

영화에서 앙투아네트 역은 패션 리더로 잘 알려진 커스틴 던스트(Kirsten Dunst)가 맡았다. 던스트는 영화에서 60벌의 파스텔 톤 의상을 선보였는데, 하나같이 혼을 빼놓을 정도로 아름다웠다.

의상감독은 복식사와 무대디자인을 전공한 밀레나 카노네로(Milena Canonero). 그는 고증을 통한 의상디자인으로 로코코 패션의 진수를 보여주어 2007년 생애 세 번째의 아카데미 의상상을 수상했다.

그중 가장 눈길을 끈 것은 로브 아 라 프랑세즈(robe à la francaise, 18세기 중반의 여성복을 상징하는 드레스로, 프랑스풍 드레스란 뜻)로, 파니에 두블(paniers double, 스커트의 양옆을 부풀리게 하기 위해 스커트에 넣는 버팀대)을 넣어 스커트를 좌우로 크게 부풀린 뒤 몸은 코르셋으로 꽉 졸라 맨 드레스다.

드레스의 목둘레선은 사각형으로 깊이 파 가슴이 거의 노출될 정도였다. 이는 데콜테(얼굴 바로 아래에서 가슴 위 쇄골까지의 목선)를 더 매력적으로 보이게 하기 위한 것인데 쇄골을 더 강조하기 위해 레이스나 리본으로 목 장식을 더했다.

이 무렵 드레스의 풍성함은 여성의 지위와 직결된다는 시각 때문에 경쟁적으로 드레스를 부풀리

로브 아 라 프랑세즈 스타일의 웨딩드레스(1775~1780). 빅토리아 앨버트 박물관 소장

잿빛 파우더를 뿌린 높은 헤어스타일 위에 파스텔 톤의 조화로 장식을 하고
리본 장식의 파스텔 톤 블루 드레스을 입은 앙투와네트

는 일이 잦았다. 심지어 문을 통과할 때 앞으로가 아닌, 몸을 비틀어 비스듬히 지나가는 여성까지 있었다고 한다. 드레스는 여러 겹의 러플(옷 가장자리나 솔기 부분에 덧댄 주름 장식), 리본, 금·은 자수로 장식하기도 했다.

또한 로코코 시대에는 높이 올린 헤어스타일에 여성들이 자존심을 걸었다. 앙투와네트는 얼굴보다 1.5배나 높게 세운 머리카락에 잿빛 파우더를 뿌리고 꽃과 리본, 다이아몬드, 진주가 박힌 핀을 장식했다. 잿빛 파우더의 헤어스타일은 얼굴을 창백하게 보이게 해 여성들은 일부러 화장을 짙게 했다. 깨끗이 씻지는 않아도 화장은 짙게 했던 것이다. 특히 립스틱을 바르고 붉게 뺨을 칠해 상기된 느낌을 연출한데다 인조눈썹을 붙인 앙투아네트는 영화 내내 주목의 대상이었다.

패션을 좋아하는 여성이나 낭만적인 영화를 즐겨 찾는 사람들에게 꼭 권하고 싶은 영화다.

09

눈이 튀어나올 만한
의상을 요구한 영화감독

〈헝거게임: 캐칭 파이어〉

　영화 주인공을 모티브로 한 온라인 쇼핑몰을 만들어 시네마패션
의 또 다른 가능성을 보여준 영화가 있다. 바로 프랜시스 로렌스 감
독의 2013년 영화 〈헝거게임: 캐칭 파이어〉다. 이 영화의 의상감독인

트리시 서머빌(Trish Summerville)은 주인공 캣니스 에버딘(제니퍼 로렌스Jennifer Lawrence)을 모티브로 럭셔리 인터넷 쇼핑사이트인 '넷타포르테 닷 컴(net-a-porter.com)'과 함께 '캐피톨 쿠튀르' 브랜드를 론칭해 온라인 쇼핑에 익숙한 청소년들을 끌어들이는 데 성공했다.

트리시 서머빌은 〈헝거게임〉의 두 번째 시리즈를 준비하면서 제작에 필요한 자료 수집을 위해 1편 때 만든 팬 페이지에 접속했다. 그녀는 대중적인 판매를 염두에 두어 팬 페이지에서 팬들이 영화의 주인공인 캣니스와 에피를 위해 제안한 하이패션 룩으로 캐피톨 쿠튀르 컬렉션을 구성했다.

판타지 액션 블록버스터 〈헝거게임: 캐칭 파이어〉는 미국 소설가 수잔 콜린스가 『헝거게임』, 『캐칭 파이어』, 『모킹제이』 등 3부작으로 출간해 베스트셀러가 된 SF소설을 토대로 만든 영화다. '헝거게임'은 한국어로 번역하면 '굶주림의 게임'이라는 뜻이다. 또 '캐칭 파이어'는 '번지는 불꽃'으로 해석할 수 있는데, 영화에서는 혁명의 불꽃으로 비유했다.

2008년 첫 시리즈가 출간된 소설 『헝거게임』은 빌 게이츠가 자신의 인생에서 가장 큰 영향을 받은 도서로 꼽기도 해 화제가 됐다. 소설은 미래 독재국가라는 배경 위에 계급 차별과 혁명이라는 주제를 담아 휴머니즘과 계층 간의 갈등, 그리고 혁명을 주제로 삼았다는 점에서 뛰어난 작품으로 평가받았다. 영화로는 4부작이 예정됐는데, 〈헝거게임: 캐칭 파이어〉가 그중 두 번째 영화다.

가난과 굶주림에 시달리던 서민들이 독재국가 '판엠'에 반란을 일으키자 '판엠' 지도부는 반란을 막기 위해 서민들이 서로 죽이고 죽는 게임을 개최한다. 수잔 콜린스는 이 서바이벌 게임의 모티브를 9

캣니스(오른쪽)와 피타(왼쪽)는 낡고 기능적인 빈민층의 의상을 입고 캐피톨 거주자인 에피(중앙)는
알렉산더 맥퀸의 현실감 없지만 극도로 아름다운 의상을 입었다.

년에 한 번씩 소년 소녀들을 죽음의 미로에 보내 괴물 미노타우로스
와 싸우게 했다는 테세우스 신화와 로마시대 원형 경기장에서 벌어
졌던 검투사들의 사투에서 모티브를 얻었다고 한다. 영화는 헝거게
임에서 우승한 피지배 계급의 캣니스가 혁명의 불꽃이 되어 절대 권
력에 대항하는 과정을 그렸다.

〈헝거게임: 캐칭 파이어〉는 가상의 독재국가를 배경으로 하고 있
는 만큼 현실 세계와는 다른, 차별화된 비주얼을 보여준다. 영화의
도시는 과거 로마제국의 화려함을 미래에 비추어 상상해 만들어냈기
때문에 영화 배경은 한마디로 '복고 미래풍'이다. 영화의 패션은 하이
패션과 아방가르드가 공존한다. 빈민층 구역은 현실에도 충분히 있
을 법한 낡은 탄광촌이나 포로수용소처럼 그려지고 있는 데 비해 수
도 캐피톨은 현란하고 화려한 금속성의 도시다. 그래서 영화에는 고
대와 미래, 부와 빈곤, 고급과 저급이 뒤섞여 있다.

미국 의상디자이너 트리시 서머빌은 뮤직비디오나 유명 뮤직스타
들의 콘서트 의상, 광고나 레드카펫 의상을 예술적이고 창의적으로

디자인하는 아티스트로 유명하다. 그는 이런 특이한 경력으로 주인 공의 의상에 눈이 튀어나올 만한 패션을 기획하고 있던 프랜시스 로렌스 감독의 부름을 받은 것이다. 로렌스 감독의 지휘에 따라 영화의 상은 트렌디하면서도 복고적인 느낌을 동시에 살렸다. 특히 지배계급의 의상이 그랬다. 영화 속 사치스러워 보이는 화려한 패션, 과장된 헤어스타일은 중세 유럽의 집권층과 닮았다.

하이패션과 아방가르드가 공존하는 영화의 의상들은 의상감독인 서머빌 외에도 알렉산더 맥퀸의 디자이너 사라 버튼, 이리스 반 헤르펜, 릭 오웬, 그리고 인도네시아 패션디자이너인 텍스 사베리오가 함께 맡았다.

캐피톨 지역 사람들의 기능성 없이 폼만 가득하고 극도로 화려한 의상

수도 캐피톨 거주자인 특권층과 학대를 당하는 구역 거주자의 의상은 영화 속에서 확연한 차이를 보인다. 캐피톨 거주자들의 의상들은 지나치게 과장된 디자인들이지만 독특한 아름다움을 지녔다. 그러나 그들의 의상은 기능은 없이 폼만 가득한 의상들이었다.

이를 대표하는 의상이 캣니스의 매니저 에피 역의 엘리자베스 뱅크스(Elizabeth Banks) 의상이다. 그는 영화 내내 와일드한 의상에 위험천만하게 보이는 하이힐을 신었다. 이 하이힐은 사라 버튼이 이탈리아 초현실주의 패션디자이너인 엘자 스키아파렐리(Elsa Schiaparelli, 1890~1973)의 '신발 모양의 모자(shoe hat)'를 본따서 디자인한 것이다. 에피의 나비모양, 핑크, 라일락 색상의 러플드레스는 사라 버튼이 디자인한 알렉산더 맥퀸의 2012년 패션쇼에서 골랐다.

관객들에게 가장 시각적으로 강한 인상을 남긴 장면은 바로 불타는 웨딩드레스 장면이다. 현실감을 뛰어넘는 사치스러움의 극치인 캣니스의 화려한 웨딩드레스는 인도네시아 패션디자이너인 텍스 사베리오의 디자인이다.

캣니스는 모킹제이(헝거게임에 등장하는 가상의 새. 캣니스를 상징한다)의 이미지를 강화해 레이저컷을 한 새털 드레스 속에 연기처럼 솟아오르는 메탈 케이지를 입었다. 또 오간자 소재의 코르셋에는 스와로브스키 반짝이가 달렸다.

스와로브스키 크리스탈 웨딩드레스를 입고 게임전야제에 참석한 캣니스.
대통령은 의도적으로 캣니스에게 캐피톨 사람의 화려한 의상을 입게 하였다.

화려함의 극치를 달린 의상 중에는 우리나라 디자이너 것도 있다. 파리 패션위크에서 열세 차례나 주목받은 준지(정욱준)는, 남자 주인공 피타 역을 맡은 조쉬 허처슨(Josh Hutcherson)의 의상 작업에 참여했다. 1980년대 이후 파리 아방가르드 패션은 레이 가와쿠보, 요지 야마모토 등 일본 디자이너들이 대표적이었다. 그러나 점차 이들이

상업적인 디자이너로 변질하게 됨에 따라 아방가르드 패션에 새 인물이 필요할 즈음 새로운 아방가르드 패션주자로 등장한 인물이 정욱준 디자이너다.

피크 라펠로 된 피타의 조각 같은 결혼예복.
한국 디자이너 준지가 디자인했다.

모터사이클을 탄 경찰복을 기초로 디자인한
수도 캐피톨의 평화유지군 복장

피타는 캣니스를 보호하는 강한 캐릭터다. 그런 캐릭터를 보여주기 위해 준지는 재단이 아주 잘된 견고한 슈트를 제작했다. 특히 넓은 어깨 패드와 갈라진 피크 라펠(peaked lapel, 아래 깃의 각도를 위로 추켜올린 양복 깃)로 구성된 크림색 싱글 브레스트 슈트 결혼예복은 3차원 조각 작품 같은 느낌을 준다. 이는 서머빌 의상감독이 극찬한 옷이기도 하다.

지역사람들의 낡았지만 기능적인 의상에서부터 평화유지군의 위협적이고 조각 같은 의상, 기능은 부족해도 폼만 가득해 과도하게 사치스러운 캐피톨 사람들의 의상들은 어느 하나 멋지지 않은 것이 없다.

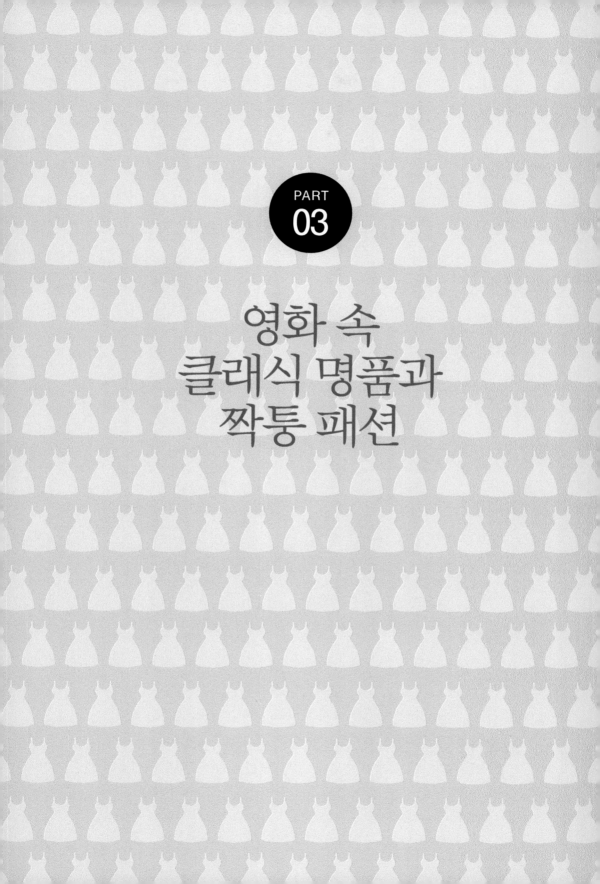

PART
03

영화 속
클래식 명품과
짝퉁 패션

10
뉴욕 상류층의
명품 엘레강스 룩

〈블루 재스민〉

　〈블루 재스민〉은 명품을 몸에 휘감고 사치스러운 파티를 즐기는 뉴욕 상류층의 된장녀 재스민 역을 맡은 케이트 블란쳇(Cate Blanchett)의 신들린 연기가 압권인 영화다. 그는 남편(알렉 볼드윈Alec Baldwin)

의 외도를 알고 난 뒤 자신의 인생이 산산조각 나면서 전개되는 과정에서 한순간에 무너진 인간의 심리를 절묘하게 표현했다.

끊임없이 꼬이는 인생 속에서 정신불안 증세를 보이며 혼잣말을 하고 살짝살짝 몸을 떠는 와중에도 특유의 기품과 우아함을 놓지 않는 연기로 그는 2014년 아카데미상과 제71회 골든 글로브상을 비롯해 20여 개 영화시상식에서 여우주연상을 따냈다. 영화는 우디 앨런(Woody Allen)이 감독과 각본을 모두 맡아, 미국 자본주의의 도덕 불감증과 현대사회의 덧없는 욕망을 우디 앨런 특유의 냉소적 유머로 풍자했다.

이 영화에서 눈길을 끄는 것은 뉴욕 상류층의 '엘레강스 룩(elegance look)'이다. 엘레강스 룩은 외모, 복장에서 정제된 고급 취향 스타일로, 세련미와 조화를 중시한다. 이

른바 도시 취향, 성숙함, 지성미, 교양미가 함축된 이미지다. 여기에 더해서 생각, 언행, 태도, 복장의 완벽한 조화까지 포함한다. 특히 영화의 배경이 되는 뉴욕 상류층의 모던 엘레강스 스타일 의상은 완벽한 재단과 깔끔하고 단순한 형태, 탁월한 완성도를 지향하기 위해 고운 톤의 색상과 세련된 중성조 색상을 많이 사용하고 있다.

영화에서 재스민은 금발에 어울리는 라이트 브라운, 카멜베이지,

금발에 어울리는 베이지 색상 톤으로 의상을 코디하고 화려한 보석으로 치장한 재스민의 엘레강스 룩

옐로우베이지, 아이보리, 블루베이지, 핑크베이지 등 주로 베이지 색상을 중심으로 다양한 중성조 색상을 선호했다. 또 색상 차나 톤 차가 거의 비슷한 '톤 인 톤' 배색 코디를 통하여 조화롭고 통일감 있는 차분한 이미지로 엘레강스 룩을 연출했다.

샤넬의 트위드 재킷과 샤넬 목걸이를 착용하고 톤 인 톤 배색코디를 했다.

영화 속 의상을 담당한 수지 벤징거(Suzy Benzinger)는 우디 앨런과 케이트 블란쳇의 명성 덕에 칼 라거펠트(Karl Lagerfeld), 알베르타 페레티(Alberta Ferretti), 랄프 로렌(Ralph Lauren), 펜디(Fendi), 캐롤라인 헤레라(Caroline Herrera)의 협찬을 받아 고작 5,000달러의 저예산으로 완벽한 뉴욕 상류층 패션을 만들어냈다. 재스민은 루이뷔통 여행가방, 미쏘니 가디건, 랄프 로렌 드레스, 펜디 백, 카르티에 시계, 프라다 선글라스, 바비에 슈즈 등 다양한 클래식 명품 패션 아이템을 휘감고 등장했다. 패셔너블함을 자랑하는 신진 디자이너의 의상이 아니라 하이패션의 진정한 클래식 명품을 통해 사치스런 우아함과 세련된 멋을 최고도로 구가한 모습이다. 이런 엘레강스 스타일은 절제를 통한 세련되고 단순한 구조 속에 정교하고 미묘한 디테일로 패션에 있어서 은근한 액센트를 주게 된다.

재스민은 특히 샤넬의 트위드(순모로 된 스코틀랜드산 홈스펀) 재킷을 좋아해서 다양한 코디로 이를 여러 차례 선보였다. 재스민의 화이트 재킷은 샤넬의 수석 디자이너인 칼 라거펠트가 케이트 블란쳇만을 위해 직접 디자인했다.

칼 라거펠트는 "케이트 블란쳇을 위해서라면, 무엇이든 하겠다"며 뉴욕 상류층 여성 재스민을 더욱 돋보이게 만들어주는 화이트 재킷을 이틀 만에 디자인하여 선물했다. 이틀 만에 탄생한 트위드 재킷은 뉴욕과는 정반대의 샌프란시스코에서 쫄딱 망하게 되어 우울해하는 재스민이 우아함을 잃지 않도록 도와주는 역할을 톡톡히 해냈다.

영화에서 자주 등장한 샤넬의 트위드 재킷과 에르메스 버킨백(Berkin Bag)은 재스민의 마지막 자존심으로 표출됐다. 그중 에르메스 버킨백은 개당 수천만 원을 호가하고, 한 달에 5~6개밖에 제작되지 않아 돈이 있어도 2~3년은 기다려야 한다는 명품이다. 이 가방은 구하기조차 힘들어 심지어는 중고품 가격이 신제품 가격보다 더 비싸다고 알려져 있을 정도다.

우디 앨런은 드라마가 펼쳐지는 배경부터 캐릭터의 이름까지, 그 어느 하나도 허투루 설정한 것이 없다. 그는 이 영화 속에 패션코드도 숨겨놓았다. 재스민의 여동생 이름을 진저(샐리 호킨스Sally Hawkins)로 설정한 것도 그렇다. 진저는 명품을 흉내 낸 짝퉁 가방에서 유래한 이름으로, 새로운 패션 아이템이 된 '진저백'에서 설정된 것이다.

진저백(ginger bag)은 위트 넘치는 프린트 기법을 이용한 것으로 앤디 워홀의 캠벨 수프 그림과 같은 팝아트적인 아이디어에서 시작됐다. 나일론 천에 해외 유명브랜드 가방 사진을 프린트

동생 진저의 색상 조화와 통일감이 없는 키치 스타일

한 것인데, 자세히 보지 않으면 원본과 구별이 되지 않을 정도로 똑같다. 바로 '부와 빈곤', '우아함과 천박함'을 '에르메스 백'과 '진저백'으로 표현해낸 우디 앨런의 탁월한 패션 지식과 센스가 돋보이는 지점이다.

　이 영화에서 의상은 계층 구별을 나타내는 가장 중요한 도구로 사용됐다. 진저는 재스민과 정반대에 위치한 인물로, 통속적이고 저속한 패션에 값싼 키치(Kitsch) 스타일을 하고 있다. 키치 스타일은 자극적이면서 저속한 색채, 지나치게 산만한 장식, 싸구려 소재와 모조품 등을 의미한다. 패션에서의 키치는 간결한 세련미를 배척하고 자극적이면서 저속한 색채, 지나치게 산만한 장식, 싸구려 소재와 모조품을 즐기는 모습으로 표현된다. 진저는 천박하고 저급한 스타일의

우아함이 넘치는 엘레강스 스타일과 싸구려 티가
물씬 나는 키치 스타일의 대비

의상에 싸구려 액세서리를 주렁주렁 달고 나왔다. 예를 들면 큐빅이 요란하게 박힌 청바지와 강렬하고 세련되지 않으며 과도한 색채로 전체적으로 조화되지 않는 원피스 등을 꼽을 수 있다.

　영화는 두 도시를 투영했다. 화려하지만 신기루 같은 뉴욕과 소박하지만 자유롭고 활기에 넘치는 샌프란시스코. 좀 더 정확하게는 뉴욕 5번가의 최상류층 삶과 샌프란시스코 차이나타운의 서민층 삶을 비교 조명했다. 우디 앨런은 이처럼 대비되는 재스민과 진저의 두 삶을 통해 두 도시가 상징하는 현대 미국의 두 얼굴을 교차시켰다.

11

꿈을 위해 노력하는 사람은
명품을 입을 자격이 있다

〈악마는 프라다를 입는다〉

천사도 프라다를 입을 수 있을까? 2006년 10월 개봉된 데이빗 프랭클(David Frankel) 감독의 영화 〈악마는 프라다를 입는다〉는 사회 초

년생이 꿈을 이루기 위해 노력하는 과정을 담았는데, 그 배경이 패션계다. 영화는 현대사회의 문화권력 중 하나로 치부되는 패션 산업계의 속살을 들여다보는 재미가 크고, 실제 수많은 브랜드와 명품이 여과 없이 스크린에 비친다. 따라서 여성 관객이라면 호기심을 가질 수밖에 없다.

영화는 저널리스트 꿈을 안고 뉴욕에 온 사회 초년생 앤드리아 삭스(앤 해서웨이Anne Hathaway)가 우연히 악마처럼 강한 카리스마를 지닌 패션 잡지사 편집장 미란다 프리슬리(메릴 스트립Meryl Streep)의 비서로 일하면서 일어나는 해프닝을 다루고 있다. 편집장 미란다는 '스타일의 바이블'이라고 할 수 있는 세계적인 패션잡지 『보그』지의 실제 편집장인 안나 윈투어(Anna Wintour)를 모델로 했다. 영화는 실제로 보그 편집장 안나 윈투어의 조수 생활을 했던 로렌 와이스버거(Lauren Weisberger)가 이때의 경험에 발칙한 상상력을 버무려 쓴 2003년 첫 소설 『악마는 프라다를 입는다』를 토대로 했다는 점에서 현실감을 더했다. 이 소설은 무려 6개월 동안 『뉴욕타임스』지 베스트셀러에 순위에 올랐다.

올해 66세인 윈투어는 패션계의 교황으로 불릴 만큼 세계 패션계에서 영향력이 큰 인물이다. 통상 세계 4대 컬렉션이라고 하면 파리, 밀라노, 런던, 뉴욕 순이었는데, 이를 뉴욕, 런던, 밀라노, 파리 순으로 바꾼 것이 바로 그였다. 게다가 그가 도착하지 않으면 이들 세계 4대 컬렉션은 시작도 할 수 없다고 한다. 파리 컬렉션 일정에 늦지 않기 위해 안나 윈투어가 딸을 유도분만해서 낳았다는 전설 같은 이야기도 전해지고 있다. 새내기 디자이너라면 그가 쇼에 참석한 사실만으로도 곧바로 세계적인 주목을 받아 유명 디자이너의 반열에 오를 수 있다.

안나 윈투어의 캐릭터에 관한 재미있는 일화가 있다. 세계적인 디자이너 장 폴 고티에는 실제의 안나 윈투어가 영화에서 묘사된 그녀보다 오히려 더 거칠고 범접할 수 없는 극악무도한 성격이라고 조크를 던지기도 했다.

극 중 미란다의 모델인 안나 윈투어의 실제 모습

여기서 윈투어의 어록 하나. "신디 크로포드는 그래 봐야 모델일 뿐이지만 나는 안나 윈투어라고." 그의 당당함을 한마디로 압축한 말이 아닐 수 없다.

영화에서 '악마'는 편집장을 뜻한다. 이른바 성공에 집착한 사람이다. 또 브랜드 '프라다'는 명품을 대표하는 것이자, 성공을 위해 취할 수 있는 수단을 의미한다.

그러나 이 영화의 특징은 스토리보다 스크린 곳곳에서 훔쳐 볼 수 있는 세계적인 명품과 브랜드가 아닌가 싶다. 프라다(Prada), 샤넬(Chanel), 베르사체(Versace), 캘빈 클라인(Calvin Klein), 마르니(Marni), 구찌(Gucci), 푸치(Pucci), 돌체 앤 가바나(Dolce & Gabbana), 발렌티노(Valentino), 나르시소 로드리게즈(Narciso Rodriguez), 에르메스(Hermès), 오스카 드 라 렌타(Oscar de la Renta), 카발리(Cavalli), 빌 블라스(Bill Blass), 펜디(Fendi), 지미 추(Jimmy Choo) 등 100명 이상의 디자이너 의상 행렬이 끝도 없이 이어졌다.

영화를 맡은 패트리샤 필드(Patricia Field)는 10만 달러의 부족한 예

트렌디한 스타일이 아니라 세월이 흘러도 여성의 몸매를
아름답게 보이게 하는 의상을 입은 메릴 스트립의 스타일리시한 모습

산이었지만 그의 패션업계 친분을 통해 의상 협찬을 받아 약 100만
달러 이상의 의상을 선보일 수 있었다. 영화는 장면이 바뀔 때마다
바뀌는 의상과 핸드백과 구두들의 행진이었다. 앤 해서웨이는 60벌
을, 메릴 스트립은 20벌을 갈아입었는데 그중에는 12만 달러짜리 핸
드백과 3만 달러를 호가하는 모피 코트도 등장했다.

　패트리샤 필드는 안나 윈투어를 모델로 한 메릴 스트립의 의상디
자인에 아이러니하게도 안나 윈투어의 의상을 참조하지 않았다고
전한다. 다만 자신이 생각하기에 유명 패션 매거진의 편집장 위치라
면 입어야 할 것 같은 값비싼 의상들을 육감적인 몸매를 가진 메릴
스트립에게 어울리는 스타일로 선택했다. 주로 발렌티노, 오스카 드
라 렌타, 빌 블라스의 장식적인 재킷을 입게 했다. 또 메릴 스트립은
검정색 프라다 슈트를 입고 2005년 프라다가 패션쇼에서 선보인 핸
드백을 들었다. 메릴 스트립이 신은 구두 10개에서 4개가 프라다 브

랜드였다. 프라다의 구두는 키를 크게 보이게 하는 효과가 있는 플랫폼 슈즈가 많았기 때문에 키가 크지 않은 메릴 스트립에게 잘 어울렸다. 그런데 메릴 스트립의 흰색 머리는 패트리샤 필드의 아이디어가 아니라 메릴 스트립의 아이디어라고 한다. 필드는 모든 의상선택을 메릴 스트립과 긴밀하게 호흡을 맞추면서 지나치게 유행을 따르지는 않지만 부티가 줄줄 흐르는 메릴 스트립의 이미지를 만들어나갔다.

요즘 어떤 패션지의 편집자들도 1980년대의 의상을 입지는 않는다. 그런데 패트리샤 필드는 메릴 스트립의 의상을 영화가 만들어진 2005년의 트렌디한 스타일이 아니라 세월이 흘러도 여성의 몸매를 아름답게 보이게 하는 의상으로 선택했다. 메릴 스트립의 의상에는 도나 카란과 빌 블라스의 80년대 빈티지 의상들도 많이 눈에 띈다. 그녀가 입고 나온 펜디의 모피 의상이나 커다란 주얼리들은 요즘 유행하는 것들보다 더 로맨틱하고 멋졌다.

이에 반해서 앤 해서웨이의 의상은 메릴 스트립의 의상과는 달리 소설 원작에 충실했다. 처음에 앤 해서웨이는 옷을 갖추어 입긴 했어도 패션과는 거리가 먼 스타일이었는데 패션업에 종사하면서부터 점차 눈에 띄는 유명디자이너의 의상으로 갈아입기 시작한

샤넬 모자, 캘빈 클라인 백, 마르니 슈즈로 세련된 도회적 스타일을 보여주는 앤 헤서웨이

세련된 미니멀리즘 블랙 파티드레스(왼쪽)와
샤넬 중심의 고가 브랜드로 치장한 앤 헤서웨이(오른쪽)

다. 이때부터 해서웨이는 돌체 앤 가바나, 캘빈 클라인, 샤넬을 입었다. 그중에서도 앤 해서웨이에게는 특히 샤넬 의상이 아주 잘 어울렸다.

그런데 영화 제목이 된 '프라다'가 횟수 면에서 다른 브랜드보다 더 많이 노출됐다고 보기는 어렵다. 그럼에도 소설과 영화 제목이 된 까닭은 뭘까? 이에 대해 의견이 분분하다. 다만, 개인적으로 볼 때 프라다 특유의 절제된 미니멀리즘이 뉴욕이라는 패션도시의 이미지와 맞아떨어졌기 때문이 아닐까, 하는 생각을 해본다.

영화는 처음부터 끝까지 명품과 패션세계의 이모저모를 보여주지만, 그 속에 담은 메시지는 자기 꿈을 위해 열심히 노력하라는 것이 아니었나 싶다. 꿈을 위해 노력하는 사람은 명품을 입을 자격이 있다. 그러나 꼭 악마가 될 필요까지는 없을 것 같다.

12
의상을 통한
신분 상승의 진수를 보여주는
프리티 우먼

〈귀여운 여인〉

　　1990년 개봉작 〈귀여운 여인〉은 많은 패러디를 만들며 여주인공 줄리아 로버츠(Julia Roberts)를 하루아침에 할리우드 스타로 만든 현대판 신데렐라 스토리다. 능력과 교양을 갖춘 남자 주인공이 사회적 계급은 낮지만 예쁘고 순수한 여주인공 비비안에게 사랑을 느끼고 서로를 변화시킨다는 내용을 담았다.

    〈귀여운 여인〉은 의상이 만들어내는 사회적 의미와 커뮤니케이션
의 과정을 잘 나타내주는 영화가 아닌가 싶다. 이 영화는 내용 전개
에 따른 드레스 구성의 변화를 통해서 의상으로 신분상승과 새로운
사회적 정체성 확립이 이루어질 수 있음을 적절하게 보여주었다.

    로맨틱 코미디의 대가인 게리 마샬(Garry Marshall) 감독이 제작한
이 영화는 주인공 리처드 기어와 줄리아 로버츠의 비주얼과 1990년
대 의상을 보는 재미가 쏠쏠하다. 의상감독은 베테랑 디자이너인 마
릴린 밴스(Marilyn Vance). 그는 이 영화에서 의상이 영화를 얼마나 더
화려하게 꾸밀 수 있는가를 관객들에게 확인시켜주었다.

    영화에서 가장 먼저 눈길을 끈 것은 비비안(줄리아 로버츠)의 길거
리 여성 패션이었다. 비비안은 조악한 스커트와 1960년대 수영복 스
타일의 배꼽 티, 무릎 위로 올라온 에나멜 부츠, 가발 위에 덮어 쓴
카우보이 모자, 주렁주렁 달린 주얼리로 치장했다. 처음에 이 후커
복장의 구두를 선택할 때 게리 마샬 감독과 마릴린 밴스 의상감독은

후에 길거리 여성들의 모델 복장이 된 영화 초반 비비안의 후커 복장

서로 다른 의견으로 각을 세웠다고 한다. 게리 마샬이 에나벨 부츠 대신에 하이힐을 원했기 때문이다. 마릴린 밴스는 게리 마샬을 설득하여 런던 첼시에 있는 상점에서 자신이 직접 주문한 부츠로 하이힐을 대체했다. 이 패션은 실제로 상영 이후 매춘부들에게 크게 인기를 끌기도 했다.

비비안의 신분 상승 이미지는 에드워드(리처드 기어Richard Gere)와 함께 오페라 하우스에서 오페라 '라 트리비아타'를 관람하는 장면에서 입은 루비색 레드 드레스로 정점을 찍는다. 다른 치장 없이 온통 붉게 물들인 미니멀리즘 계열의 단순미는, 오페라 관람 때 귀부인들이 즐겨 입던 기존의 검정 드레스에 대한 통념을 뒤집고 아름다운 드레스의 대명사가 됐다.

간결하지만 우아한 주름이 돋보이는 어깨가 드러나는 이 레드 드레스는 초상화가 존 싱어 사전트(John Singer Sergeant, 1856~1925)가 그린 초상화 '마담 X'에서 마릴린 밴스가 영감을 얻어 제작했다. 마릴

고혹적이고 정열적이며 귀부인 이미지를 가진 레드 드레스를 입은 비비안

린 밴스는 다른 사람보다 좁은 어깨를 가진 줄리아 로버츠에게 어울리는 스타일인 어깨가 완전히 드러나는 오프 숄더 소매로 드레스를 디자인했다.

하지만 이 드레스도 후커 복장처럼 감독의 반대에 부딪쳤다. 이 붉은 드레스는 영화감독을 포함한 거의 모든 스태프들로부터 거부당했다. 클래식 음악을 감상하러 온 젊은 여인에게 붉은 색감의 드레스는 어울리지 않는다는 '묘한' 사회적 통념 때문이었다.

만약 비비안이 이 장면에서 검정 드레스를 입었다면? 붉은 드레스를 일단 본 이상, 검정 드레스는 아마 상상하기 싫은 색이 됐을 것 같다. 붉은 색감이 주는 주목성은 고사하고 비비안의 정열과 순수성도 제대로 표현하지 못하기 때문이다. 에드워드가 비비안에게 선물한 목걸이는 이 붉은 드레스와 함께 코디되어 어깨가 좁은 줄리아 로버츠의 몸매에 딱 어울렸다. 이 목걸이는 비비안의 매력을 극대화하고 비비안의 신분 상승이 완결됐음을 보여주는 역할을 했다. 무려 25만 달러의 이 고가 목걸이를 보호하기 위해 촬영 당시 무장 경비원들이 촬영 현장을 지키기도 했다고 한다.

이 영화에서 밴스는 장면마다 하나 이상의 주목할 만한 패션을 선보였다. 그중 비비안이 어깨가 드러난 검정 레이스 소재의 칵테일 드레스에 이브닝 장갑과 검정 펌프스를 신은 장면은 오랫동안 관객의 시선을 붙잡았다. 비비안이 입은 블랙 레이스 드레스는 블랙 드레스가 주는 세련되고 멋지고 섹시한 느낌과 레이스가 주는 섬세하고 우아한 모습이 잘 어우러진 패션이었다.

명품 샵에서 쇼핑을 마친 비비안이 아홉 벌의 명품 의상을 들고 나오는 모습은 더 이상 매춘부가 아니라 새로운 정체성을 가진 상류층 여인으로 변신한 모습이다. 클로즈업 화면으로 강조된 우아한 흰

브라운색 물방울무늬 드레스를 입어 상류사회 여성의 세련된 모습으로 치장한 비비안과 에드워드

드레스에 사랑스러운 검정 모자, 앙증맞은 장갑, 달랑거리는 진주 귀걸이, 여기에 매치된 클러치백과 스킬레토 힐(굽의 끝이 뾰족한 높은 하이힐)로 치장한 비비안의 복장은 상류사회의 귀부인 모습으로 **완벽하게 변모되었다.**

그런데 이 영화에서 가장 주목받은 패션은 역시 실크 물방울 드레스가 아닌가 싶다. 〈귀여운 여인〉의 물방울 드레스는 영화를 통한 패션으로서 세계적인 대 유행을 불러일으켰다. 어떻게 여성스러운 감각의 심플한 브라운 물방울 드레스로 사람들에게 오랫동안 영상에 남는 큰 임팩트를 줄 수 있었을까?

마릴린 밴스는 이 의상에 공을 많이 들였다. 적절한 소재를 찾기 위해 비벌리 힐즈를 다 뒤졌는데 비벌리 힐즈의 한 상점에서 겨우 옷 한 벌 만들 정도밖에 안 되는 양이었지만 드디어 원하는 소재를 발견했던 것이다. 이런 노력으로 제작된 브라운 색상 물방울 드레스에 앤 클라인(Anne Klein) 벨트를 허리에 걸치고, 샤넬 스틸레토 힐 슈즈를 신고 나타난 비비안의 모습은 청순하면서 우아함이 넘쳤다. 이

드레스를 입고 비비안이 등장할 때 영화 주제곡 '프리티 우먼(Pretty Woman)'이 부드럽고 사랑스럽게 들려와 관객들에게 강한 인상을 심어주었다.

영화에서 리차드 기어가 연출한 남성복 모습은 1990년대의 남성복에 트위드 소재가 유행했던 것과는 별개로 연출됐다. 대신 성공한 비즈니스맨을 상징하기 위하여 깔끔한 개버딘 소재의 양복을 입었다. 그는 오페라에서 입은 턱시도를 제외하고는 세루티(Cerruti) 브랜드의 셔츠와 타이, 양복을 착용하였다. 비비안이 에드워드의 넥타이가 비뚤어진 모습을 고쳐주는 모습을 통해 수단과 방법을 가리지 않고 비즈니스를 하는 에드워드의 비뚤어진 내면을 바로잡아주어 바람직한 비즈니스맨으로 변화해간다는 함축적 의미를 전한 장면도 인상에 남는다.

13

명품 브랜드 프라다와 펜디의
날카로운 신경전

〈그랜드 부다페스트 호텔〉

빨강색 엘리베이터와 보라색 호텔 유니폼의 강렬한 색상 조화

최근 패션과 영화의 관계가 또 업그레이드됐다. 세계적 패션디자이너가 영화에 직접 참여해 의상을 디자인하는 것은 더 이상 특별한 일이 아니고 이제는 패션디자이너와 동시대 영화감독의 동맹으로 패션디자이너 브랜드의 패션쇼 무대와 패션 매장을 영화테마로 꾸며 상생하는 사례가 심심찮게 나타나고 있다.

이 시대의 아티스트라고 불리는 웨스 앤더슨 감독의 2014년 작품 〈그랜드 부다페스트 호텔〉은 이탈리아의 막강한 두 패션 브랜드인 프라다(Prada)와 펜디(Fendi) 간에 날카로운 신경전을 벌여 더욱 유명해졌다. 프라다는 제86회 베를린국제영화제 기간 동안 '프라다 플래그십 스토어'에 영화 속 자사 제품들을 그대로 전시해 홍보하고 전 세계 언론에 보도자료를 뿌렸을 뿐 아니라 '2014년 여성복 가을/겨울 컬렉션'과 '2015년 남성복 봄/여름 컬렉션'에서 그랜드 부다페스트 콘셉트의 패션쇼를 선보여 세계적인 이목을 끌었다. 이로서 영화 제작에 열을 올리는 것으로 유명한 펜디 가문은 패션마케팅 경쟁에서 고배를 마신 셈이 됐다.

영화 〈그랜드 부다페스트 호텔〉은 오스트리아 작가 슈테판 츠바이크(Stefan Zweig, 1881~1942)가 쓴 두 권의 소설에서 얻은 아이디어에 앤더슨 감독의 상상력을 더해 세계 최고의 부호 마담 D.의 죽음을 둘러싼 호텔 지배인 구스타프와 로비 보이인 제로(토니 레볼로리 Tony Revolori)의 미스터리한 모험담을 그렸다. 또 하나의 주제는 그랜드 부다페스트 호텔의 지배인인 구스타프와 그의 수제자인 제로 사이에 느껴지는 사제 간의 기품 있는 사랑과 존경이다.

영화와 동화책을 넘나드는 듯한 이 영화는 파스텔 색감에 조형적

아름다움이 극에 달한 미장센으로 관객들을 환상의 세계로 초대한다. 영화 배경인 호텔은 유네스코 세계유산에 등재된 독일 괴를리츠의 거대한 백화점 안에 고풍스런 그랜드 부다페스트 호텔을 새로 지어 비

핑크색 색상이 그라데이션된 그랜드 부다페스트 호텔

겹겹이 쌓인 핑크색 파이에 둘러싸여 있는 제로와 아가타

현실적으로 아름다운 풍광들을 매혹적인 시각 이미지로 풀어냈다.

영화에 등장하는 호텔 종업원의 보라색 유니폼과 모자, 잘 익은 토마토색을 닮은 빨강색 엘리베이터, 겹겹이 쌓인 핑크색 파이, 파스텔 핑크 색상이 그라데이션된 호텔의 외벽, 황토색 프라다 여행용 가방들, 죄수들이 입은 흑백 가로 줄무늬 의상 등 환상적인 색감과 뛰어난 영상미는 관객들의 이목을 집중시키기에 충분했다.

의상감독은 아카데미상에 여덟 번이나 후보에 지명되고 세 차례나 수상한 밀레나 카노네로(Milena Canonero)가 2015년, 이 영화로 네 번째 아카데미 의상상을 받았다. 그는 구스타프 클림트(Gustav Klimt), 타마라 렘피카(Tamara de Lempicka), 조지 그로츠(George Grosz) 등 당대 화가의 그림과 만 레이(Man Ray)나 조지 허렐(George Hurrell) 같은 사진작가의 예술 작품에서 영감을 얻어 주연배우 의상을 고안했으며, 또 세계적인 패션브랜드인 프라다, 펜디와도 협업했다.

특히 프라다가 제작한 윌렘 데포(Willem Dafoe, 조플린 역)의 가죽 코트와 펜디가 오스트리아 상징주의 화가 클림트에서 영향을 받아 디자인한 1930년대 스타일의 검정색 밍크 장식 벨벳코트는 틸다 스윈튼(Tilda Swinton, 마담 D. 역)의 캐릭터에 딱 부합되는 의상으로 호평받았다.

틸다 스윈튼은 83세 노인 캐릭터를 위해 팔, 가슴, 목, 둥에 보형물을 잔득 넣고 백내장의 눈을 표현하기 위해 콘텍트렌즈, 치아, 귓불

화가 클림트에게 영감을 받아 펜디가 제작한 1930년대의 부호 의상과 클림트의 회화

까지 신경 썼다고 한다. 이런 디테일한 노인의 모습을 위해서 분장만 무려 다섯 시간 가까이 걸렸다고 한다.

프라다는 마담 D.와 전설적인 호텔 총지배인 구스타프(랄프 파인즈Ralph Fiennes)의 21개 여행용 짐 가방도 디자인했다. 카노네로는 호텔 직원들의 위풍당당한 의상을 표현하기 위해 역사성 있는 복식 기술의 대가인 이탈리아 의상 제작자 움베르토 티렐리의 기법을 활용해 금색 더블버튼으로 장식한 호텔직원의 의상을 만들었다.

구스타프와 벨보이 견습생인 제로의 유니폼은 둘의 신분 차이를 표현하기 위해 색상은 같지만 디자인이 다르게 제작됐다. 구스타프는 국제적인 네트워크를 가진 하이클래스 호텔의 십자열쇠(세계총지배인모임) 회원을 상징하

마담 D.의 황토색 빈티지 프라다 여행가방(왼쪽)과
움베르토 티렐리의 기법을 활용해 금색 더블버튼으로 장식한 호텔직원의 의상(오른쪽)

는 골드 배지를 양복의 양쪽 라펠에 달았다.

형형색색의 조형적 아름다움이 극에 달한 이 작품은 2014년 제64
회 베를린 국제영화제에 개막작으로 초대됐고, 역대 개막작 중 가장
강렬하고 유쾌하다는 평과 함께 은곰상을 받았다. 미국 영화 평론
사이트에서는 〈그랜드 부다페스트 호텔〉을 2014년 최고의 영화로
뽑기도 했다.

10만 관객을 넘으면 대박으로 여기는 '다양성 영화'에서는 무려
77만 명을 끌어 모아 '아트버스터(예술성을 가진 블록버스터를 뜻하는 신
조어)'의 반열에도 올랐다.

영화 속
청바지와
페미니즘

14

원조 반항아 제임스 딘의
'이유 있는' 스타일

<이유 없는 반항>

시대와 트렌드를 막론하고 청바지는 남성 정장 양복과 같이 말을 하지 않아도, 어떤 행동을 하지 않아도 입는 사람의 개성을 드러낸다. 청바지 패션은 1953년 말론 브란도(Marlon Brando, 1924~2004)

1953년 위험한 질주에서 제일 처음
청바지를 선보인 말론 브란도

가 영화 〈위험한 질주(The Wild One)〉에서 선보인 이후 줄곧 영화에 등장하는 패션 아이콘이 됐다.

1950년대 사회학자들은 청바지를 사회현상, 남성 상징의 옷, 젊은이의 반항을 상징하는 코드로 분석했다. 청바지 문화의 전파에는 할리우드 영화라는 침투력이 강한 매체의 역할도 컸다. 영화 〈위험한 질주〉에서 말론 브란도는 카우보이 스타일의 청바지를 입었는데 지금은 카우보이들이 말론 브란도 스타일로 청바지를 입는다.

청바지의 본격적인 유행은 청소년 비행문제를 본격적으로 다룬 니콜라스 레이(Nicholas Ray, 1911~1979) 감독의 1955년 영화 〈이유 없는 반항〉에서 시작되었다. 1950년대만 해도 새로운 사회현상처럼 여겨졌던 청소년 비행을 주제로 한 이 영화는 당대 최고의 걸작이자 청춘 영화의 아이콘이었다.

주연배우 제임스 딘(James Dean, 1931~1955)은 세계대전 후 미국의 풍요로운 물질 환경 속에서 보수화된 기성 질서에 반발해 저항적인 문화와 기행을 추구했던 젊은 세대를 대표했다. 특히 그는 청바지 하나로 반항적이고 고독한 청춘의 이미지를 쌓아 청춘의 우상이 되었다. 영화 이후 청바지는 젊은 세대의 반항적 이미지와 결합해 남성적인 성 정체성을 상징하는 청년문화 이미지로 전파됐다.

10대들은 〈이유 없는 반항〉에서 청바지 위에 흰 티셔츠와 빨간 점퍼를 걸친 제임스 딘의 모습에 열광했고 영화 상영 후 청바지가 폭발적으로 유행하기 시작했다. 그중에서도 제임스 딘이 입은 리(Lee) 브랜드의 리 101 라이더스 청바지는 인디고 블루 색상을 영원한 청바지 패션의 심벌로 만들어놓았다. 그가 흰 티셔츠 위에 걸친 빨간 재킷도 대단한 인기를 누

청바지. 흰 티셔츠, 빨간 재킷을 입은 제임스 딘은 당대 청춘의 아이콘이며 패션 아이콘이다.

렸다. 당시, 미국의 거의 모든 고등학교 학생들이 이 빨간 재킷을 마치 교복처럼 입을 정도였다.

영화는 처음에 흑백으로 기획됐다. 하지만 니콜라스 레이 감독은 표현주의적인 느낌의 붉은 색조로 청소년기의 열광적인 성격을 보여주자며 컬러 영화로 변경하기로 했다. 그는 색상의 상징적 의미에 대해 심취하여 캐릭터마다 제각기 다른 컬러코드를 부여했다.

사회와 부모로부터 이해받지 못하고 떠도는 또 다른 청소년인 주디 역의 나탈리 우드(Natalie Wood, 1938~1981)는 레드와 핑크, 버즈 역의 코리 알렌(Corey Allen)은 옐로우와 오렌지, 플라토 역의 살 미네오(Sal Mineo)는 블랙과 블루, 짐 역의 제임스 딘은 레드다.

니콜라스 레이 감독은 배우들이 입는 의상이 심플한 디자인이길 바랐고 또 할리우드 영화에서 이미 입혀졌던 것으로 사용하기를 원했다. 그래서 많은 장면에서 워너 브라더스의 영화의상 보관담당 부

서에서 이미 갖고 있는 의상에서 골랐다. 의상담당 부서에서 구할 수 없으면 저렴한 의상으로 구입했다.

의상 감독인 모스 메이브리(Moss Mabry, 1918~2006)는 아주 말랐던 17세 나탈리 우드의 빈약한 엉덩이에 패드를 대고 엉덩이를 키움으로써 좀 더 성숙하게 보이도록 했다. 나탈리 우드의 의상은 무릎 길이의 스커트, 스웨터나 가디건, 목에 맨 귀엽고 작은 스카프로 대표되는 1950년대 실제 십 대들의 캐주얼한 스타일을 그대로 보여주었다. 그의 의상은 절제된 의상 스타일이었고 싸게 구입한 기성복들은 편하고 자연스럽게 보였다.

나탈리 우드의 레드와 핑크 의상은 그의 여성스러움과 점점 무르익어가는 신념을 잘 보여주었다. 오프닝 신의 경찰서 장면에서 그는 눈에 띄는 레드 색상의 A라인 코트를 입었다. 코트의 색상은 그의 빨강색 립스틱과 어우러져 그를 강하고 드라마틱하게 보이도록 했다. 그가 두 번째 장면에서 입은 의상은 1950년대 중반의 십 대 모습을 잘 묘사한 의상이다. 가벼운 그린색 슈트와 블랙 탑은 쾌활한 느낌의 오렌지 스카프와 잘 어울렸다.

제임스 딘은 액세서리나 모자도 착용하지 않은 미니멀한 옷차림

눈에 띄는 레드색상의 A라인 코트를 입은 나탈리 우드.
영화에서 빨간색은 나탈리 우드의 캐릭터를 상징하는 색이다.

을 했다. 제임스 딘의 군더더기 없
이 단순하고 실용적인 의상은 시
대의 젊은 문화를 그대로 표현했
기 때문에 그의 의상은 지금도 미
국 의상의 클래식으로 불린다. 그
의 옷차림은 수십 년이 지난 후
스킨헤드(Skinhead, 머리를 빡빡 깎고
다니는 백인 우월주의자)족의 패션
스타일이 되기도 했다.

제임스 딘의 스타일에서 영감을 받은 의상을
현대적으로 표현한 배스티안의 2012 컬렉션

최근 패션 잡지『에스콰이어』는
모든 세대를 통틀어 가장 멋진 의
상 75벌을 꼽았는데 제임스 딘이
이 영화에서 입은 빨간 재킷과 청
바지가 포함됐다.

제임스 딘의 스타일은 60년이 지난 현대의 캣워크에도 영향을 준
다. 마이클 배스티안(Michael Bastian)은 2012년 봄/여름 패션쇼에서 제
임스 딘의 청바지, 흰 티셔츠, 빨간 재킷이 조합된 스타일을 현대적
으로 표현했다. 딘의 빨간 재킷은 50년대의 품 넓은 항공 점퍼 스타
일에서 눈에 띄는 색상과 심플한 실루엣은 그대로 둔 채 품을 줄이
고 어깨에 견장을 추가해 힘 있고 현대적인 모습으로 변형되었다.

미국 패션사에 획기적인 전기를 마련한 제임스 딘의 의상에 대한
재미있는 일화 하나. 제임스 딘의 의상에 대해 영화감독인 레이와 의
상감독인 모스 메이브리가 서로 다른 주장을 펼치고 있다는 점이다.
감독은 영화의 상징이 되는 빨간 재킷은 바라큐타(1950년대를 대표하
는 영국 브랜드) 재킷으로 이를 남성복 매장에서 구입했다고 주장했

다. 반면, 의상감독 메이브리는 전혀 다른 이야기를 했다. 길거리를 지나가는 남자의 빨간 재킷을 보고 매력을 느껴 빨간 재킷을 비롯한 딘의 의상 세 점을 직접 디자인했다는 것이다. 처음에 레이 감독이 딘에게 카키색 재킷을 입히려 했지만 의상감독인 자신이 빨강색 나일론을 사서 패턴까지 만들었다고 주장했다. 또 빨간 재킷의 염색 과정에서 원하는 체리빛 레드로 염색되지 않고 색상이 너무 짙어졌지만 오히려 드라마틱한 상황을 연출하는 데 도움이 됐다고 덧붙였다.

제임스 딘은 사후에 아카데미 남우주연상을 수상한 유일한 배우이다. 영원한 청춘의 우상인 제임스 딘 묘비에 적혀 있는 시를 소개한다.

"추억 속에 달려간 짐승, 지하에서 녹슬지 않는 나이프의 빛깔. 피와 섞인 노래. 내 안의 나이 먹지 않은 나와 그대여."

15
페미니즘 논쟁과 청바지

〈델마와 루이스〉

누가 청바지의 유혹을 물리칠 수 있는가? 청바지는 이제 남녀노소 누구에게나 사랑을 받는 대중적인 옷일 뿐 아니라 명품 시장에서 가장 주목받는 아이템이요, 가장 섹시한 아이템으로 부상했다. 이 청

바지가 시작부터 끝까지 나오는 영화가 1991년 작품 〈델마와 루이스〉(리들리 스콧 감독)다. 영화는 가히 코스튬의 혁명이라고 할 수 있을 정도로 페미니즘 영화의 의미를 처음부터 끝까지 오로지 데님 패션을 통해서 나타냈다.

청바지 위에 해골이 프린트된 티셔츠를 입은 델마의 모습은
영화 후반의 비극적인 결말을 예견한다.

히피 문화로 대변되는 1960년대와 1970년대 초 남녀 구분이 모호한 청바지는 남녀평등을 주장하는 상징이자, 전통적인 성 역할을 거부하며 수동적 여성상에 맞선 페미니스트들의 무기였다. 이 영화를 계기로 청바지는 남성의 섹시함을 부각하는 아이템에서 여성의 시크한 매력을 발산하는 도구로 그 상징성이 확장됐다.

'여권주의'를 뜻하는 페미니즘 영화는 여성의 불이익과 성 차별 문제를 핵심적으로 다룬다. 페미니즘 영화의 진수라는 평가를 받는 이 영화에서 델마(지나 데이비스Geena Davis)와 루이스(수잔 서랜든Susan

Sarandon)는 당시 미국 사회의 전형적인 가부장적 제도와 여성의 한계에 당당히 맞서고, 차별적 문화에 대항하는 모습을 보여주었다.

델마와 루이스는 사회체제에 순응하고 살아야 했던 보통의 여자들에 불과했지만 이틀간의 여행 도중 뜻밖의 사건들로 인해 자신들의 삶이 남성 위주 사회의 편견 속에서 성적 소모품 정도에 불과한 삶이었음을 깨닫게 되면서 기존 질서에 저항하며 통렬하게 죽음을 맞는다.

두 명의 주인공이 함께 등장하는 영화를 버디 무비(Buddy Movie)라고 부르는데 〈델마와 루이스〉는 버디 영화가 상징하는 두 명의 남자 배우를 여배우에게까지 그 영역을 확장시킨 영화이기도 하다.

〈델마와 루이스〉는 발표되자마자 페미니즘 논쟁을 불러일으켰다. 당시 대부분의 언론은 이 영화에 담긴 페미니즘의 문제의식에 대해 혹평했다. 치열하지 못하고 산만하다는 게 그 이유였다. 하지만 관객들의 생각은 달랐다. 각본을 쓴 여류 작가 켈리 쿠리(Callie Khouri)는

탄탄한 콘텐츠로 1992년 제64회 아카데미상과 골든 글로브 각본상을 받았다. 1991년 칸 영화제의 폐막작으로 상영되기도 했던 이 영화는 이후 페미니즘 영화의 아이콘이 됐다.

두 여배우의 연기도 탁월했다. 이들은 영화 상영 후 그해 미국 시사주간지 『타임』의 표지 모델이 되기도 했다. 하지만 이들 못지않게 페미니즘적 상징성을 영

시사주간지 『타임』의 표지를 장식한 〈델마와 루이스〉의 두 주연배우

화에서 잘 묘사한 의상 디자이너도 주목받을 자격이 있다. 의상 담당은 엘리자베스 맥브라이드(Elizabeth McBride, 1955~1997)로, 그는 두 주연 배우를 위해 미국 서부에서만 느낄 수 있는 웨스턴 스타일의 데님과 티셔츠, 카우보이 모자를 만들었다. 영화는 처음부터 끝까지 데님 패션만 보여준다. 지금은 다소 촌스러운 코디로 느껴지는 청재 킷, 청셔츠와 청바지의 매치가 두드러졌고 청바지와 가장 잘 어울리는 흰색 티셔츠가 많이 코디됐다. 루이스가 갈취한 카우보이 모자와 목에 두른 데님 소재의 끈, 청바지의 조합은 웨스턴 스타일의 느낌을 한층 더했다.

영화에는 청바지와 잘 어울리는 흰색 티셔츠가 많이 코디되었다.

맥브라이드는 두 사람의 진 패션으로 버디 영화 주인공들의 동질감과 이질감을 적절하게 표현했다. 면과 데님, 하양과 파랑이라는 소재와 색상은 둘의 동질감을 강화하는 데 큰 도움을 주었고 질감과 선의 차이는 서로의 이질적인 측면을 나타냈다. 델마는 라인스톤 포켓 청바지와 진주 장식의 데님 재킷으로 소재의 질감을 강하게 살렸고, 루이스는 장식 없이 밋밋한 청바지로 둘을 차별화했다.

색이 배제되면 선의 양식이 중요해진다. 일반적으로 곡선은 자유 의지, 일탈, 해방감을 나타내고, 직선은 빠른 속도감, 독립심, 용기를 표현한다. 귀엽고 사랑스러운 여성 캐릭터는 곡선을 이용한 세부적인 선으로 디자인한다. 반면 모던하고 시크한 여성 캐릭터는 주로 직선을 사용하여 시원한 멋을 살린다.

영화 초반 델마가 입은 곡선 실루엣의 여성적인 블라우스

퍼프와 프릴은 곡선을 대표하는 스타일이다. 초반부에 델마는 여성스러운 분위기가 넘치는 퍼프 슬리브의 흰 블라우스와 데님 소재의 요크가 강조된 프릴 스커트를 입었다. 반면에 루이스는 청바지에 셔츠, 그 위에 평평한 청재킷을 걸쳐 직선 실루엣의 의상을 입었다.

그러나 영화가 전개되면서 이들의 패션은 조금씩 달라졌다. 특히 여성적인 델마의 의상이 직선 스타일로 변했다. 이는 극한 상황에 처하면서 델마의 의존적 성격이 페미니스트적인 강인한 성격으로 바뀌고 있음을 보여준 것이다. 영화의 마지막에는 두 여인 모두 직선적인 의상을 입었다.

파국으로 치닫는 마지막 장면에서 루이스가 갈취한 카우보이 모자를 쓰고 목에는 데님 소재의 끈을 두르고 카우보이 부츠를 신은

직선 스타일로 변한 후반부 델마(왼쪽)와 루이스(오른쪽)의 진 패션

것, 델마가 청바지 위에 검은 해골이 프린트된 티셔츠를 입은 것은 이들의 삶의 목적이 바뀌었음을 나타내는 신호가 됐다.

영화에 등장한 청바지는 의상팀이 직접 제작했다. 하지만 일부는 협찬이었다. 진주 장식이 달린 델마의 데님 재킷은 제트 페리스, 루이스의 카우보이 부츠는 토니 람바의 것이다. 그러나 정작 청바지의 대명사로 불린 리바이스는 이 영화에 등장하지 않았다. 리바이스가 유일한 협찬사가 아니라는 이유로 스스로 의상 협찬의 기회를 걷어찼다는 후문이다.

이들이 미국 남부를 여행하면서 보여준 페미니스트 의상은 20년이 지난 지금에 봐도 근사하다. 밑위가 길게 재단돼 허리까지 올라오는 청바지 스타일만 제외한다면 말이다.

16
페미니즘이
정립되지 못했던 시대의
뉴욕 상류층 패션
〈순수의 시대〉

남북전쟁 직후인 1870년대 뉴욕 상류사회는 강압적이고 상상력이 결여된 사회적 관습이 팽배했고 예절과 교양을 앞세운 위선으로 가득 찼다. 이들 상류사회 구성원이 지닌 표면적 순수함을 비꼰 소설이 미국 작가 이디스 워튼(Edith Wharton, 1862~1937)의 『순수의 시대』

(1920)다. 워튼은 급변하는 사회 변화 속에서 삶의 핵심 문제를 통찰한 이 작품으로 1921년 여성 최초로 퓰리처상을 받았다.

소설의 인기에 힘입어 영화 〈순수의 시대〉는1924년과 1934년에 두 차례 영화로 제작됐고, 1993년 마틴 스콜세지(Martin Scorsese) 감독은 표면적인 순수함 뒤에 가려진 잔인성에 초점을 맞춰 이 영화를 리메이크했다.

이 영화는 세 남녀의 엇갈린 사랑 이야기를 통해 1870년대 뉴욕 상류층의 위선을 꼬집고 사회적 관습이 지배했던 가부장 사회에서 부침하는 여성의 운명을 부각시켰다. 워튼은 주인공 아처(다니엘 데이 루이스Daniel Day-Lewis)가 독립적인 여성 엘렌과의 만남을 통해 인습과 위선의 껍질을 깨고 좀 더 깊은 자기 이해에 이르는 과정을 제시했다. 워튼은 자신이 경험한 1870년대의 이야기를 그의 나이 57세에 집필했는데 당시 뉴욕 상류사회의 시대적 배경을 충실히 묘사했기 때문에 이 작품을 통해 당시의 오페라 관람, 결혼, 사교계 파티 등을 비롯한 뉴욕의 사교계 문화를 사실적으로 들여다볼 수 있다.

핑크색 꽃을 단 위노나 라이더(왼쪽에서 두 번째)의 웨딩드레스는
1870년대의 뉴욕스타일 웨딩드레스를 그대로 재현했다.

영화에서 흥미로운 점은 1870년대 뉴욕 상류층이 가진 지독한 보수성을 엿볼 수 있다는 점이다. 이들의 보수성은 귀족문화의 원류라 할 수 있는 유럽보다 더 지독한데, 이는 미국이 가지고 있는 유럽문화에 대한 열등감 때문이었다.

뉴욕 상류사회의 특권을 누리고 사는 위노나 라이더와 아처 역의 다니엘 데이 루이스가 보여주는 흰색 의상은 표면적으로 순수한 이미지의 의상이다.

이런 열등의식은 유럽적인 것에 대한 아주 엄격한 모방으로 나타났고 영화에서는 이런 부분들이 치밀하게 묘사됐다.

스콜세지 감독은 작가도 미국인이고, 작품 배경도 미국이며, 감독 자신도 미국인이고, 여주인공들도 미국인인 이 영화의 의상을 이탈리아 코스튬 디자이너인 가브리엘라 페스쿠치(Gabriella Pescucci)에게 의뢰했다. 1870년 당시 뉴욕 상류사회의 의상스타일은 프랑스를 비롯한 유럽모드를 절대적인 최신유행으로 따랐기 때문에 유럽의 영화, 오페라, 연극 무대에서 시대의상을 시적인 아름다움으로 표현하는 유럽 디자이너가 필요했다. 페스쿠치는 당시 뉴욕 상류사회 귀족들의 생활상을 보여주는 정교하고 완벽하게 아름다운 의상으로 1994년 제66회 아카데미상 의상상을 받아 스콜세지 감독의 선택이 탁월했음을 증명했다.

페스쿠치가 이 영화에서 표현한 시대 의상에는 두 가지 독특한 시각이 있다. 1870년대는 버슬 스타일이 유행한 시기이면서 어느 시기보다도 의상 스타일의 변화가 가장 심했던 시기다. 그래서 같은 1870

미니멀리즘 경향이 반영된 버슬 스타일 드레스를 입은
메이 웰랜드(위노나 라이더)와 엘렌 올렌스카(미셸 파이퍼)

년대 안에서도 초기인지 후기인지에 따라 의상 스타일이 다르다.

1870년대 초는 복식사에서 스커트의 부풀림 정도가 그전 시기보다 줄어들긴 했어도 여전히 부담스러울 정도로 커다랗게 부푼 디자인이었던 것에 비해 1870년대 후반은 스커트의 부풀림이 아주 간소해졌는데, 페스쿠치는 이를 그대로 따르지는 않았다. 원작의 시대적 배경이 1870년대 초반이지만 패션스타일은 1870년대 후반의 스타일을 등장시켜 날씬한 버슬 스타일을 연출해 등장인물들의 모습을 날씬하고 세련되게 보이도록 한 것이다.

또 하나, 영화가 발표된 1993년은 미니멀리즘이 유행한 시기였는데, 이 미니멀리즘 경향을 시대복에 적절히 가미해 간결하면서도 시대성을 잃지 않는 실루엣을 선보였다는 점이다. 실루엣뿐 아니라 드레스의 장식도 보다 간결하게 했다. 뒷자락이 약간 끌리고 주름이 적

절하게 배치된 섬세하고 장식적인 디자인의 버슬 스커트는 몸통 부분의 단순한 디자인 때문에 대조 효과를 주어 허리의 코르셋 부분이 더 강조되어 보이는 효과를 주었다. 때문에 두 여주인공의 허리 부분은 끊어질 듯 잘록하게 보였다. 드레스 색상도 단일 색조나 유사 색조로 통일감을 줬다.

표면적인 순수함을 가진
위노나 라이더의 흰색 의상

이 영화에서는 코르셋 부분의 섬세한 효과를 위해서 주인공들이 드레스 속에 브래지어를 착용하지 않았다. 대신 드레스 속에 플라스틱으로 된 딱딱한 보닝(코르셋의 모양을 지지하기 위한 휘어지는 뼈대)을 부드럽게 삽입해 브래지어의 역할을 하게 했다.

〈순수의 시대〉에서 가장 많이 등장하는 색상은 흰색이다. 영화에서 흰색은 표면적인 순수의 대표 이미지로 사용됐다. 아이러니한 순수를 가진 메이 웰랜드(위노나 라이더Winona Ryder)와 절대적인 순수를 가진 엘렌 올렌스카(미셸 파이퍼 Michelle Pfeiffer)의 캐릭터는 의상의 형태보다 색상으로 비교되었다.

메이는 당시 뉴욕의 전통과 관습에 길들어 사는 상류사회의 전형적인 여성으로, 겉보기에 우아하고 아름답고 순수한 여성이다. 이것은 비록 겉모습의 순수였지만, 영화는 메이의 의상을 하얗게 연출했

진정한 순수를 가진 인물인 미셸 파이퍼가 입은 강렬하고 따뜻한 이미지의 빨강 드레스. 간결한 버슬스커트와 꼭 끼는 코르셋으로 더욱 실루엣이 날씬하다.

다. 흰 의상, 흰 장갑, 백합, 흰 눈이 그런 경우다. 가끔 등장하는 그의 푸른 의상은 순수하지 않은 마음속의 차가움을 대변했다.

이와 대조적으로 당시 뉴욕 상류사회 분위기 속에서 불유쾌한 인물로 묘사된 엘렌은 인위적인 순수가 아닌 진정한 순수를 가진 인물이다. 주위 사람에 대한 배려, 자신을 위해 다른 이의 행복을 짓밟지 않는 관용이 그렇다. 엘렌의 색상은 처한 상황에 따라 흰색, 연두색, 파란색, 검은색 등으로 다양화되었다. 그중 붉은 의상이 가장 눈에 띄었다. 불꽃, 노을, 노란 장미를 배경으로 한 그의 열정, 따뜻함과 풍요로운 성격이 돋보인다.

〈순수의 시대〉는 아직 페미니즘이 우리 사회에서 정립되지 못한 때 엘렌을 통해 페미니즘의 근간을 보여주었다. 엘렌은 당시 가부장 사회가 중산층 여성에게 부과한 '남자의 울타리 안에서만 여자의 정체성과 행복을 찾아야만 한다'는 고정관념에서 해방된 것이다. 영화는 성숙하고 독립된 여성이야말로 보다 자유롭고 충만한 삶이 가능한 바람직한 사회를 이루는 데 큰 몫을 한다는 것을 보여주었다.

17
금발과 포스트페미니즘

<금발이 너무해>

여성성을 당당하게 과시하며 커리어우먼으로서 자아 성취를 달성해가는 포스트페미니즘 영화가 속속 등장하고 있다. 여성의 주체적 자아만 지나치게 강조한 페미니즘에 대해 비판적 시각으로 등장한 포스트페미니즘은 1980년대 중반부터 사용하기 시작된 용어다. 포스트페미니즘은 이를테면 여성들이 억압으로부터 해방되어 승리를

쟁취했기 때문에 전 시대의 페미니즘 자체가 불필요하게 되었다는 이른바 페미니즘의 종언이다.

여성이 전통적 가부장제에서 크게 과소·왜곡 평가되었다는 비판에서 출발한 페미니즘 영화가 여성성을 거부하고 여성의 주체적 자아만 강조했다면 1990년 이후에 나온 포스트페미니즘 영화는 당당하게 여성성을 강조하면서도 여성이 커리어우먼으로서 자아 성취와 욕망을 달성해야 한다는 입장을 가진다.

그 대표적인 영화가 2001년 개봉된 〈금발이 너무해〉(로버트 루케틱Robert Luketic 감독)다. 영화는 금발 미녀가 여성성을 당당하게 과시하며 커리어우먼으로 성공하는 스토리다. 원작자 아만다 브라운(Amanda Brown)이 미국 스탠퍼드대 법학대학원에서의 경험을 바탕으로 쓴 2001년 동명 소설이 원작이다. 영화는 금발미녀가 커리어우먼으로 성공하는 스토리를 통해 기존의 여성성에 대한 경직된 사고방식을 비판하고 여성성의 회복과 찬양을 구가했다. 브라보 채널에서 선정한 '재밌는 영화 100'에서 29위에도 올랐다.

〈금발이 너무해〉를 비롯한 포스트페미니즘 영화에서 여성의 묘사는 여성의 몸보다는 여성의 패션에 집중하는 경향을 갖는다. 포스트페미니즘 영화에는 여성의 능력과 여성성과 아름다움의 추구, 소비문화의 향유가 함께 존재한다.

핑크를 열렬히 사랑하는 로맨틱 핑크공주 엘 우즈(리즈 위더스푼Reese Witherspoon)는 남자친구로부터 지나치게 섹시한 금발이라는 이유로 실연을 당한다. 프랑스어로 여성을 뜻하는 '엘(Elle)'이란 이름을 가진 주인공 엘 우즈는 남자친구를 되찾기 위해 고군분투하여 하버드 법대에 입학하고 결국 자신의 능력을 인정받아 '금발은 멍청하다'는 세상의 편견을 깨뜨린다.

핑크색 스팽글 줄무늬가 있는 재킷(왼쪽), 핑크색 바지와 핑크색 베레모를 쓴 엘 우즈(오른쪽)

2002년 길드 영화의상 디자이너상에 의상감독 소피 드 라코프 (Sophie de Rakoff)가 추천된 이 영화에서 여성성의 키워드는 모두가 부러워하는 완벽한 금발머리와 핑크 색상이다. 주인공 엘 우즈의 패션은 바로 '핑크' 그 자체였다. 옷이나 액세서리는 물론이고 그의 방과 침구, 귀엽고 아기자기한 소품까지 모두 핑크 톤이다. 립스틱도 핑크고 손톱도 패티큐어도 핑크다. 수영복도 핑크 스팽글이 빼곡하게 박힌 비키니 스타일이다. 심지어 그의 애완 강아지 브루저의 옷까지 그를 둘러싼 거의 모든 것들은 핑크의 범주 안에 있다. 오키드 핑크, 마젠타 핑크, 샐몬 핑크, 코랄 핑크, 베이비 핑크 등 핑크의 향연이 끝없이 펼쳐진다.

조금 다른 색이 있다면 보라색 정도다. 핑크는 활기, 애정, 책임, 희망, 건강, 행복을 상징하는 색이다. 이처럼, 핑크 색상과 연관된 태도는 모두 여성적이다. 핑크의 상징적 의미가 말해주듯이 그는 섬세하고, 부드럽고, 긍정적이며, 열정적이고, 적극적이고, 책임감도 있으며, 주목받기를 좋아한다. 엘은 영화 속에서 자신의 이런 성격과 기분의 변화를 패션을 통해 관객들에게 전달했다.

가슴선이 그대로 드러나는 핑크색 홀터넥 원피스를 입은 엘 우즈

최근 금발머리에 대한 재미있는 연구결과가 나왔다. 그런데 '금발이 멍청하다'는 말이 잘못된 편견임을 증명하는 결과들이다. 금발의 여성은 머리카락이 흑갈색이거나 빨간색인 여성보다 더 공격적이고 자기 중심적이라고 한다. 또 "금발여성은 다른 여성보다 더 많은 관심을 끄는 데다 자기 중심적이어서 목표를 이루는 성취도가 높다"며 이를 '공주 효과'라고 설명한 연구도 있다. 이 연구에서 실제로 남학생에게 파트너의 매력을 점수로 매기게 했을 때 금발 여성이 가장 높은 점수를 얻었다. 또, 레드랜즈대학교 진화심리학과의 캐서린 새먼은 "금발은 실제와 상관없이 자신의 능력에 대해 지나친 자신감을 가지는 경향이 있다"고 언급했다. 포스트 페미니즘 사조과 무관하지 않아 보이는 대목이다.

엘은 가슴선이 그대로 드러나는 핑크색 홀터넥(어깨와 등을 드러내고 목에서 끈을 묶는 스타일) 원피스 드레스에 프라다 샌들, 핑크 톤의 선글라스를 착용하고 자신을 똑같이 닮은 애완견 치와와를 데리고 누구의 시선도 의식하지 않는 당당함으로 하버드대 캠퍼스를 누비고 다닌다. 그가 변호사로서 재판의 승리를 눈부시게 이끌어내는 장면에서 핑크의 배합은 절정을 이룬다. 재판정에서 그가 입은 핫핑크 색상 원피스 드레스엔 핑크 색상 비즈로 수놓인 리본이 달렸다. 이 드레스에 핑크색 가방으로 코디를 통일한 그는 패션과 뷰티에 관한 전문지식을 바탕으로 결국 통쾌하게 무죄를 이끌어냈다.

재판과 전혀 어울리지 않는 여성적인 의상의 선택은 금발과 핑크색 의상이 주는 무력감과 똑똑한 승리를 대비시켜 여성성과 자아실현의 동시성을 극명하게 조명하기 위함이었다. 엘은 외모에 대한 편견을 깨고 자아를 달성했을 뿐 아니라 훈남 교수 에멧 리치먼드(루크 윌슨Luke Wilson)와의 사랑과 결혼에도 성공을 거둔다.

재판장에서 입은 엘 우즈의 핑크색으로 무장한 의상

엘 우즈의 화려한 외모, 긍정적인 사고, 뛰어난 사교성, 경제적인 여유와 높은 학업 성취력은 현대를 사는 젊은 여성들의 가치규범과 롤모델의 역할에 일조했다. 여성 관객층의 취향에 초점을 맞춘 신조어 칙 플릿은 이제 하나의 장르로서 자리 잡으며 근래에는 세계적 권위를 자랑하는 미국의 미리엄 웹스터 사전에도 이름을 올렸다.

PART
05

영화 속
섹슈얼리티

18

1920년대
팜므파탈 패션 엿보기

〈시카고〉

록시와 벨마의 팜므파탈 이미지 패션

브로드웨이 걸작 뮤지컬을 영화화한 롭 마셜(Rob Marshall) 감독의 2002년 영화 〈시카고〉는 시카고가 무법도시로 악명을 떨친 1920년 대를 배경으로 두 여자 주인공의 성공에 대한 욕망 그리고 쇼 비즈니스 세계의 냉혹함과 거짓을 풍자했다.

〈시카고〉는 뮤지컬 영화답게 화려하고 관능적인 무대의상과 안무를 통해 관객의 눈을 스크린에서 한시도 뗄 수 없게 만들었다. 영화 〈시카고〉는 오히려 브룩 쉴즈(Brooke Shields)가 주인공 록시 하트로 나오는 동명의 뉴욕 브로드웨이 뮤지컬 공연보다 더 스펙타클하고 화려함이 넘친다.

1920년대의 키워드는 '칵테일, 재즈, 흑인 아르데코, 파티'이다. 이 시기는 영화 산업의 발전으로 가장 대중적인 오락으로서 영화가 젊은 세대의 패션과 유행을 주도하였던 시기이기도 하다.

이 영화의 의상을 맡은 콜린 앳우드(Colleen Atwood)는 초현실적이고 판타지한 의상을 디자인하는 것으로 유명하다. 그가 담당한 영화들 중에는 할리우드에서 시간을 두고 사랑을 받고 있는 영화가 많다. 영화의상의 스토리텔러 역할을 누구보다도 강조하는 디자이너인 그는 아카데미상에 열 번이나 후보로 올랐고 그중 세 번 의상상을 받았다. 등장인물들이 스토리를 이끌어나가기 전에 배우들이 입고 있는 의상만으로도 관객이 캐릭터에 대한 인상을 이해할 수 있어야 한다고 그는 강조한다.

그는 〈시카고〉 의상제작을 위해 우선 1920년대의 미술사조와 패션스타일을 연구했고 당시 미술사조인 '아르데코', '바우하우스', '큐비즘'에 따른 의상을 캐릭터의 특성에 맞추어 디자인했다.

1920년 당시 패션에서는 아르데코 양식의 특성인 형태의 단순성, 직선과 유선형이 가미된 '플래퍼 룩'이 유행했다. 플래퍼 룩은 가슴,

1920년대 큐비즘의 영향으로 기하학적인 형태와 광택 나는
소재로 욕망과 관능을 표현한 록시 하트의 의상

허리, 엉덩이 형태를 억제한 일자형의 슬림한 실루엣으로, '말괄량이'
를 뜻하는 단어로도 사용된다. 이 시기에는 사춘기의 앳된 소녀처럼
보이는 몸매가 이상적인 몸매였다. 여성들은 이런 납작한 가슴을 만
들기 위해 일부러 가슴을 동여맸다.

플래퍼들은 짧은 헤어스타일과 짧아진 스커트, 망사 스타킹, 팔과
다리가 노출된 옷으로 자신의 성적 매력을 표현했고, 진한 눈 화장
과 일명 '장밋빛 봉우리'라고 불리던 붉은 입술을 선호했다. 우리나
라에서 1950~60년대 이른바 노는 여학생들을 '후라빠'라고 지칭했
는데, 바로 이 '플래퍼(Flapper)'를 일본식 영어로 발음한 것이다.

영화 〈시카고〉는 이런 플래퍼 스타일을 바탕으로 관능과 욕망으
로 가득찬 팜므파탈 이미지를 뮤지컬 장르 특유의 경쾌함으로 풀
어냈다. 특히 주인공 록시 하트(르네 젤위거Renée Zellweger)와 벨마 켈
리(캐서린 제타 존스Catherine Zeta-Jones)의 팜므파탈 패션 대결이 흥미
롭다.

둘 중 록시 하트가 더 성격이 복잡했다. 그는 실제 상황과 상상의 세계 속 캐릭터가 다른 이중성을 가지고 있었다. 그래서 현실에서는 연약하지만 환상 속에서는 자기 도취에 빠지는 이중적인 성격에 따른 패션을 선보였다. 짧은 파마머리, 귀여운 미소, 작은 디테일이 살아 있는 부드러운 색상의 여성스러운 옷이 현실 패션이라면 화려하고 강렬한 색상과 아르데코의 금속 광택 소재의 바디라인이 드러난 의상은 관능미와 야망을 드러낸 환상 속의 패션이었다.

관능적인 이미지의 검정색 시스루 소재의 프린징 드레스를 입고
1920년대 유행한 단발머리의 벨마 켈리

한편, 오만하고 관능적인 이미지의 벨마 켈리는 영화의 처음부터 끝까지 계속 강렬한 인상을 주었다. 어떤 환경의 변화 속에서도 그에게는 전혀 두려움이 없었고 부정, 마력, 에로티시즘의 이미지를 가진 검정색의 선정적이고 공격적인 의상을 즐겼다. 팜므파탈 이미지의 짙고 어두운 색상 메이크업과 당시 유행한, 목선을 드러낸 짧은 단발머리는 검정색의 화려한 시스루 의상과 잘 들어맞았다.

1920년대를 배경으로 하는 영화를 보면 클로슈(cloche) 모자가 많이 등장한다. 클로슈는 크라운이 높고 챙이 작으며 챙이 아래쪽으로 향해 있는 모자다. 이 시기 여성들은 모자를 쓰지 않고는 외출을 하지 않을 정도였고 이 당시 클로슈가 크게 유행했다. 작은 종 형태의 클로슈를 착용하면 지적으로 보였으며 여성스러움과 신비한 섹시함도 더해주었다. 또 스포티한 분위기와 드레시한 분위기 모두 잘 어울리는 모자이기도 하다.

심플한 드레스에 긴 태슬 목걸이, 클로슈 모자, 모피 장식의 1920년대 스타일을 입은 벨마 켈리

벨마가 법정에서 입은 심플한 실루엣의 드레스와 모피 장식 코트에 코디한 클로슈 모자, 그리고 긴 태슬 목걸이는 1920년대 여성복의 특징을 잘 표현하면서 동시에 팜므파탈의 이미지를 보여주었다.

록시와 벨마가 선정적인 의상을 통해 보여준, 성공에 대한 내면의식은 재즈시대라고 불린 1920년대 젊은 여성의 독립적이며 자유로운 삶의 추구 의지를 대변했다. 두 여성의 팜므파탈 이미지도 그런 점에서 누군가를 파멸시키기 위한 부정의 도구가 아니라, 자신의 정체성을 표출하려는 자연스럽고 당당한 모습이었다.

의상감독 콜린 앳우드는 두 여자의 이 같은 팜므파탈 이미지를 패션화하는 데 성공해 아카데미 의상상을 손에 쥐었다. 물론 이 영화는 의상상 외에도 작품상, 편집상, 미술상, 여우조연상, 음향상 등 모두 아홉 개의 아카데미상을 수상했다.

19
팜므파탈의 필수요건

〈타짜〉

신체의 실루엣을 그대로 드러낸 밀착의상을 입은 정마담

하나의 원작을 다양한 콘텐츠로 만들어 고부가가치를 창출하는 '원 소스 멀티 유즈(OSMU)' 비즈니스 구조가 최근 한국 영화계에서 주목받고 있다. 문화 산업재의 온라인화와 디지털 콘텐츠화가 빠르게 진행되면서 장르 간 벽이 허물어지고 매체 간 이동이 쉬워져 생긴 일이다.

이 중에는 만화를 영화로 재창조한 것도 적지 않다. IT기술의 발달로 만화적 상상력을 스크린에 옮기는 것이 과거보다 수월해졌다는 점도 이유가 된다. 〈설국열차〉, 〈미스터고〉, 〈은밀하게 위대하게〉 등이 만화원작 영화의 대표적 사례다. 할리우드 쪽으로 가면 이런 경향이 더욱 두드러진다. 슈퍼영웅을 등장시킨 블록버스터 대부분은 만화를 원작으로 한 영화들이다.

허영만 원작의 인기 만화 『타짜』를 최동훈 감독이 각색한 영화 〈타짜〉(2006)도 그중 하나다. 영화는 원작인 만화를 능가하는 재미와 완성도로 무려 684만 명의 관객을 끌어모았다. 백상예술대상, 대종상, 청룡상 등 각종 상도 휩쓸었다.

영화는 화투판에 모든 것을 건 전문 도박꾼의 욕망을 다뤘다. 완성도를 위해 주인공 고니 역의 조승우와 정마담 역의 김혜수는 전직 타짜인 장병윤 씨로부터 특별강습(?)을 받기도 했다. 영화에서 주인공은 고니였지만 정작 더 큰 인기를 얻은 것은 전문 도박판 설계사인 정마담이었다. 영화 〈타짜〉라고 하면 정마담을 떠올릴 정도로 김혜수의 인기가 높았다. 정마담은 감독을 대변하여 처음부터 끝까지 독백으로 내용을 전달하는 독특한 스토리텔링 스타일로 관객과 소통하는 역할을 맡았는데, 특히 그의 의상은 당시 새로운 패션 트렌드로 떠올랐다.

조상경 의상감독은 〈타짜〉를 통해 2007년 대종상 의상상을 받았다. 조상경은 2013년 영화 〈신세계〉로 두 번째 대종상 의상상을 받은 베테랑 디자이너다. 하지만 영화에서 뛰어난 감각으로 호평을 받은 정마담 캐릭터의 의상 콘셉트는 의상감독인 조상경이 아니라 패셔니스타인 김혜수가 직접 결정했다고 한다.

2012년 한 결혼정보회사의 설문조사에서 여성의 62%, 남성의

83%가 "혼전순결이 꼭 필요한 것은 아니다"라고 응답했다. 같은 해 한국 보건사회연구원은 여성이 남성보다 결혼에 대한 필요성을 덜 느끼고, 이혼에 대해서는 남성보다 더 긍정적이라는 조사 결과를 내놓았다. 한국사회에서 여성의 사회적 태도에 대한 변화는 매우 가파르다. 여성들은 결혼관계에 대한 사회적 관행을 탈피하고 자아실현을 꿈꾸는 동시에 패션을 통해 욕망의 주체로서 팜므파탈 이미지를 부각시키고 있다. 남성에게 의존하지 않고 자신의 삶을 당당히 개척하는 현대 여성들에게서 많이 발견할 수 있는 팜므파탈 스타일은 최근 사회 전반에 영향을 끼치고 있다.

영화 속 의상은 현대여성의 가치관과 패션이미지에 영향을 끼치는

중요한 동기가 된다. 몸을 무기화하여 자신이 이루고자 하는 명예와 권력, 수단과 방법을 가리지 않고 '돈'이라는 목표를 성취시키는 〈타짜〉의 정마담은 물욕의 화신이자 현대사회 팜므파탈의 전형을 보여주는 예이다. 영화에서 김혜수는 완벽한 한국형 팜므파탈을 완성시켰다는 극찬을 받았다.

타짜에서 보여준 김혜수의 팜므파탈 스타일은 크게 세 가지로 분류할 수 있다. 우선, 정마담의 욕망은 다양한 색채와 과감한 노출의상을 통해 표현됐다. 영화의 팬티 노출장면은 그중에서도 압권이었다. 김혜수는 "승부를 위해 어떤 일이든 할 수 있는 정마

과감한 노출의상을 입은
〈타짜〉의 정마담

담 캐릭터를 위해 일부러 파란색 원피스 아래 눈에 띄는 보라색 팬티를 선택했다"고 했다. 정마담은 과감한 노출을 위해서 앞트임 혹은 옆트임이 깊게 들어간 하의와 가슴이 깊이 패인 의상을 입기도 했다.

두 번째로는 신체의 실루엣을 그대로 드러낸 밀착의상이다. 광택 있는 새틴 소재나 비치는 레이스 소재, 강렬한 무늬가 들어가 있는 소재를 통해 몸에 달라붙는 원피스와 통이 좁은 바지나 스커트를 입고 화려한 액세서리를 코디한 김혜수만의 자신 있고 과감한 모습이다.

남자를 현혹하려고 핑크빛 순수함으로 가장한 팜므파탈 이미지의 정마담

그런데 팜므파탈 이미지는 육감적인 스타일에만 있는 것은 아니다. 남자를 현혹하려 발톱을 감추고 꾸며낸 순수한 이미지도 팜므파탈 이미지다. 정마담은 재력 있는 남성을 유혹하기 위해 일부러 청순한 스타일의 옅은 핑크 드레스를 입기도 했다.

천방지축의 청년에서 진정한 타짜로 변모해가는 고니의 의상 변

90년대풍의 과장된 프린트 셔츠를
삼극색 배색으로 코디한 고니

화도 흥미롭다. 덥수룩한 머리, 후줄근한 바지와 전혀 어울리지 않는 초라한 청색 재킷 차림이던 고니는 타짜 평경장의 가르침을 받은 뒤, 1990년대에 유행했던 다소 과장된 무늬와 디자인의 옷으로 갈아입는다. 와인색 재킷에 매치한 청바지와 카멜색 구두는 불나방 같은 고니의 성격을 잘 표출했다.

고니에게 인생과 화투를 가르치는 평경장 역의 백윤식은 중절모에 콧수염, 눈에 띄는 색상의 양복을 입고 자연스러운 북한 사투리까지 사용하며 전설의 타짜인 평경장의 면모를 갖추었다.

20
데이비드 보위의
양성이미지 패션

〈벨벳 골드마인〉

2014년 6월 15일 서울에서 열린 '제7회 필름 라이브: KT&G 상상마당 음악영화제'의 콘셉트는 '글램'이었다. 당시 음악영화제에서는 개막작으로 전설적인 글램 록(Glam Rock) 영화인 〈벨벳 골드마인〉(토

드 헤인즈Todd Haynes 감독)을 선보였다. 〈벨벳 골드마인〉은 영국의 70
년대 글램 록의 음악과 패션뿐만 아니라, 동성애나 양성애같이 당시
의 급격한 사회적 트렌드를 여러 방면으로 잘 녹여낸 예술성을 인정
받아 칸 영화제에서 예술공헌상을 수상했다.

　'매혹적이거나 시각적으로 섹시하다'는 뜻의 글램(glam)은 1971~
1972년 런던에서 시작된 '글램 록'에서 유래한 단어다. 1960년대까
지만 해도 음악에 있어 패션이 가지는 중요성은 그리 크지 않았으나
글램 록의 등장으로 음악에 패션이라는 요소가 필수불가결한 것으
로 자리 잡았다.

피부에 밀착되는 의상으로 몸매를 드러내고 스팽글과 라메로 장식한 의상에
진하고 화려한 메이크업을 한 조나단 리스 마이어스

　글램 록은 1960년대 후반 데이빗 보위, 티렉스로부터 시작해서
1980년대 듀란듀란으로 이어진다. 1970년대는 히피 문화가 사라지
고 영국의 글램 록이 짧지만 거대한 영향력을 가지고 나타난 시기였
다. 글램 록 아티스트들은 충격적인 패션과 퇴폐적인 분위기로 당대
젊은 세대의 열광적인 지지를 이끌어냈다. 이들은 여성적인 화려함

이 강조된 짙은 화장, 선정적인 실루엣과 벨벳, 가죽, 반짝이는 비즈와 시퀸(sequin, 작고 동그란 금속 조각)을 이용한 반짝이 의상, 플랫폼 슈즈(platform shoes, 구두의 힐과 밑창이 전체적으로 높아진 신발)로 자신의 패션을 즐겼으며, 때때로 동성애나 양성애를 부추기는 듯한 성 묘사로 사회적 논란을 불러일으키기도 했다. 영화는 글램 록을 대표하는 아티스트인 데이비드 보위, 이기 팝, 루 리드, 브라이언 이노의 라이브 무대에서 영감을 받아 제작됐다.

조나단 리스 마이어스의 의상 스케치(샌디 포웰)

파격적이고 충격 그 자체인 글램 의상은 〈셰익스피어 인 러브〉, 〈에비에이터〉, 〈영 빅토리아〉로 아카데미 의상상을 세 번이나 거머쥔 샌디 포웰(Sandy Powell)이 맡아 1999년 영국 아카데미 시상식에서 의상상을 수상했다. 미국 아카데미상에서는 의상상 후보로 올랐으나 샌디 포웰 자신의 또 다른 영화의상 작품인 〈셰익스피어 인 러브〉에게 수상의 자리를 양보했다. 같은 해에 똑같은 의상감독의 영화가 두 작품이나 후보에 오르기는 좀처럼 어려운 일

반짝이는 화장과 형형색상의 반짝이는 재킷을 입고 핑크색으로 염색한 머리를 하여 양성애 이미지를 보이는 조나단 리스 마이어스

당시 미국 젊은이들의 반사회적 성향을 드러낸 커트 와일드(이완 맥그리거)

로, 샌디 포웰의 실력이 입증되는 대목이다.

영화의 분위기에 맞추어 화려한 의상을 만들기 위해 많은 공을 들인 포웰은 의상제작 과정에서 가장 어려웠던 점으로 예산부족을 들었다. 예를 들어 브라이언 슬레이드(조나단 리스 마이어스Jonathan Rhys Meyers)의 의상은 글램의 대표적인 인물인 데이비드 보위의 무대의상을 참고했고, 커트 와일드의 것은 미국의 펑크 뮤지션인 이기 팝 스타일의 열정적이고 파괴적인 옷을 재현했다. 그러니 돈이 많이 들어갈 수밖에 없었을 것이다.

그중 영화의 중심이 되는 브라이언 슬레이드는 양성적인 이미지를 보여주는 대표적 인물이다. 슬레이드는 글램의 대표적인 인물인 데이빗 보위의 스타일을 따랐다. 데이빗 보위는 자신을 가상인물 지기 스타더스트(Ziggy Stardust)라고 지칭하고 외계인처럼 반짝이는 의상과 이색적인 화장, 공상과학을 보는 듯한 연출을 했던 뮤지션이다.

남자인지 여자인지 구분이 어려울 정도로 진하고 화려한 메이크업도 그의 캐릭터를 잘 나타내주었다. 조나단 리스 마이어스는 벨벳 원피스, 긴 생머리, 반짝이는 메이크업, 실크 스카프에 높이가 20cm나 되는 플랫폼 구두를 신고 나와 스크린을 누볐다. 특히 피부에 밀착된 고탄성 소재의 의상에 스팽글(spangle)과 라메(lame, 얇고 작은 금속박)로 장식한 반짝이, 외계인을 보는 것처럼 심하게 왜곡된 화장은 그를 좋아하는 젊은 팬들을 열광시켰다.

또 미국문화에 기초한 야성적이고 관능적이며 전위적인 이미지의 커트 와일드(이완 맥그리거Ewan McGregor)는 밀착된 가죽 바지와 재킷, 눈 주위를 검게 한 메이크업, 진한 매니큐어 등으로 도발적이고 반항적인 이미지와 거칠고 노골적인 성적 이미지를 강조했다. 이는 당시 젊은이들이 가지고 있던 반사회적 성향과도 잘 연결됐다. 강한 눈매를 드러낸 화장으로 마약에 찌든 상황을 표현한 커트는 브라이언과 달리 색조화장보다는 아이라인과 마스카라를 이용하여 눈매를 강조하거나 손톱에 짙은 매니큐어를 칠했다.

브라이언 슬레이드의 아내인 맨디 슬레이드(토니 콜레트Toni Colette)도 다르지 않았다. 그는 표범 가죽과 털 소재, 금색이나 빨간색의 도

맨디 슬레이드 역의 토니 콜레트는 표범 가죽과 털 소재의 도발적인 의상으로 퇴폐적 이미지를 드러냈다.

발적인 의상, 화려한 보석 등으로 지나치게 퇴폐적이며 과장된 여성 이미지를 드러내려 애썼다. 금색 표범무늬의 차이니즈 칼라 원피스와 커다란 흑백 체크 무늬의 퍼 코트 등 모피나 표범 가죽 소재를 주로 애용하는 멘디는 자연스러운 천연의 색상이 아닌 다양한 염색 가공으로 인위적인 아름다움을 강조했다.

글램 록을 추종하는 열성팬의 의상을 입은
크리스찬 베일(왼쪽)과 이완 맥그리거(오른쪽)

아서 스튜어트(크리스찬 베일 Christian Bale)는 이 시대 글램 록을 추종하는 열성 팬의 의상, 그 자체였다. 그는 반짝이는 화장을 하고 자줏빛이나 녹색의 가죽 재킷, 벨벳 재킷, 피부에 꼭 맞는 대담한 셔츠, 진 팬츠, 크롭 팬츠를 입었다. 또 동물, 물방울, 사이키델릭 등의 무늬가 들어간 의상을 많이 입었다. 체리색의 강렬한 선글라스나 플랫폼 슈즈, 파랗게 염색한 머리도 관객들의 이목을 집중시켰음은 물론이다.

21

게이, 새로운 패션을
견인하다

〈쇼를 사랑한 남자〉

관능적인 모피와 현란한 의상을 보이는 리버라치

동성애에 대한 사회적 인식 변화는 문화 분야에서 먼저 이뤄졌다. 대중 문화예술 장르 중에서 영화는 이 같은 현상을 가장 자연스럽게 유도했다.

할리우드의 거장 영화감독인 스티븐 소더버그(Steven Soderbergh)의 2013년 영화 〈쇼를 사랑한 남자〉는 1970년대에 미국 라스베이거스 최고의 팝 피아니스트로 이름을 알린 리버라치(마이클 더글라스Michael Douglas)의 마지막 10년 삶을 보여준다. 그의 동성 애인인 스콧 토슨(맷 데이먼Matt Damon)의 자전적 소설을 바탕으로 했다.

이 영화는 2013년 칸 영화제 경쟁 부문에 초청되어 '기절할 정도로 놀라운 작품'이라는 만장일치의 찬사를 받았고 미국 2013 에미상 시상식에서는 의상상을 비롯한 15개 부문에 후보로 올라 무려 11개 부문을 수상했다. 엘런 미로닉(Ellen Mirojnick)이 의상상을 따냈다.

리버라치는 한 시대를 이끌어가는 트렌드 리더이자 시대적 아이콘이었다. "리버라치는 루빈스타인(20세기를 빛낸 미국 피아니스트)에 필적할 수 없고, 루빈스타인도 리버라치에 필적할 수 없다"는 평가를 받을 만큼 그는 미국 국민들로부터 큰 사랑을 받았다. 손가락에 늘 여러 개의 커다란 보석반지를 끼고 보석이 달린 화려한 모피를 즐겨 입어 '글리터 맨(glitter man)'이란 별명을 얻은 그는 현란한 무대로 관객들을 사로잡은 쇼맨십의 황제였고 진정으로 '쇼를 사랑한 남자'였다.

주인공 '리버라치'는 금발의 청년들을 사랑한 게이였다. '게이'는 주로 남성 동성애자를 가리키는데 같은 동성에 대해 감정적, 성적 매력을 느끼는 동성애자를 가리키는 긍정적인 용어다. 영화에서 리버라치의 주변은 가정부, 성형외과 의사 등의 '끼 떠는(게이 사회에서 여성스러운 게이들의 행동을 이렇게 부른다고 한다)' 게이들

화려하고 여성적인 의상의 리버라치(마이클 더글라스)

로 붐볐다.

더글라스가 구강암 투병 후 처음 찍은 영화가 이것이었는데, 그의 게이 연기가 압권이었다. 특히 '드랙 퀸(drag queen, 유희의 목적으로 여성 패션을 지나치게 좋아하고 일부러 여성처럼 행동하는 남자)'처럼 화려하고 현란한 장식의 복장, 주름을 인위적 수술로 당겨 생긴 우스꽝스러운 표정 연기가 탁월했다.

독일의 문학평론가 볼프강 카이저(Wolfgang Kayser, 1906~1960)에 의하면 동성애자는 전통적 성 상징에 도전하는 혁신적인 외모 스타일을 추구한다고 한다. 현대의 동성애자들은 자신들의 독특한 스타일로 패션 트렌드를 이끄는 하나의 문화코드가 되고 있다. 그들은 패션에 민감하고 자신의 외모를 돋보이게 하고자 다양한 스타일의 의상을 선택한다.

1970년대 게이 문화는 이처럼 화려하고 여성적인 표현이 많았다. 실제로 동성애적 성향이 짙은 당시 영국 록 스타들의 양성적인 외모 스타일을 '글래머러스', 그들의 의상 스타일을 '글램'이라고 불렀다.

화려하고 현란한 색상과 소재의 의상을 입은 영화 속 리버라치(왼쪽)와 실제 모습(오른쪽)

'글램'은 말 그대로 매혹적이고 현란하다는 뜻이다.

리버라치도 마찬가지다. 리버라치는 피아니스트가 검정 정장을 입으면 검은 피아노 색깔에 묻혀서 눈에 띄지 않는다는 이유로 검정색 의상을 배제하고 보석으로 치장된 화려한 색상의 현란한 의상을 입었다. 그는 짙은 화장과 요란한 의상, 화려한 조명과 무대장치 등 인공적인 스타일의 미학을 추구하고 여성의 원초적인 관능미와 권력과 부를 상징하는 모피를 착용하여 관능성을 드러냈다.

그의 피아노 위에는 반짝이는 나뭇가지 모양의 화려한 촛대를 세워두어 자신을 돋보이게 했는데(그래서 영화의 원제가 '촛대 뒤에서behind the candlebra'이다.) 영화는 그의 실제의상을 토대로 완벽하게 당시의 모습을 재현했다. 엘렌 미로닉의 의상들은 컬러풀하고 번쩍거리고 활기 넘쳤으며 의상에는 70년대 후반에서 80년대 초의 어깨를 강조하고 암홀과 바지 허리선이 높은 남성복 구성도 세밀하게 반영됐다.

화려한 색상과 소재로 된 의상 위에 라인스톤, 반짝이는 시퀸, 스팽글 등의 장식을 과다하게 붙였다. 모피도 즐겨 입어 여성의 원초적인 관능미를 상징하면서 자신의 권력과 관능도 부각시켰다.

그런데 게이스타일이 최근 변했다. 영국 게이 TV의 진행자이기도 한 저널리스트 에릭 샤라인(Eric Chaline)은 20세기 후반에 이르러 여성적인 모습과 대조되는 남성적인 이미지가 게이 집단의 새로운 상징으로 대두되었다는 연구 발표를 했다.

20세기 후반, 게이 스타일은 기존의 여성 취향에서 남성적인, 너무나 남성적인 것으로 변모했다. 이른바 건강한 근육질, 짧게 깎은 머리, 무성한 콧수염, 구레나룻 등이 게이의 새로운 문화코드로 등장했던 것이다. 이로 인해 게이 패션도 가죽재킷과 함께 카우보이 복장, 경찰관 복장, 해군 복장 등 강력한 남성적 복장으로 바뀌었다.

영화에서 리버라치의 연인인 스콧 토슨이 반짝이는 장식의 화려한 해군복을 입고 나온 것도 바로 이 같은 시대적 트렌드의 변화를 반영한 결과였다. 이처럼 영화는 전통적인 남성성에 도전한 기존의 글램 룩과, 오히려 남성성을 더 부각시킨 현대 동성애자의 복식을 절묘하게 잘 대비시켰다.

패션의 속성은 혁신성이 강한 소수에서 시작되어 널리 퍼진다. 성 소수자가 패션계에서는 결코

해군복 스타일을 한 리버라치의 연인 스콧 토슨(왼쪽)

무시할 수 없는 영향력이 되는 이유다. 패션에 민감하고 자신의 외모를 돋보이게 하기 위해 다양한 스타일의 의상을 실험하는 동성애자들은 지금도 새로운 패션을 견인하는 문화코드로 주목받고 있다.

PART
06

영화 속
남성패션의
진화

22

플래퍼 룩 vs
개츠비 룩의 대결

〈위대한 개츠비〉

　　2013년 〈위대한 개츠비〉의 영화 상영 이후 서점가에 불어닥친 소
설 『위대한 개츠비』에 대한 열풍은 20대 여성이 주도했다. 사랑과 죽
음이라는 자극적인 스토리와 몽환적이고 매혹적인 1920년대 패션이

젊은 여심을 사로잡은 것이다.

영화 〈위대한 개츠비〉는 미국 문학사에서 최고의 걸작으로 손꼽히는 작품을 토대로 제작됐다. 가능성과 긍정의 에너지가 넘쳐나지만 재즈, 도덕적 해이, 불법 등으로 '광란의 20년대'로 불렸던 미국의 1920년대가 바로 영화의 시대적 배경이다. '재즈시대'라는 용어를 만든 사람이 바로 소설 『위대한 개츠비』를 쓴 스콧 피츠제럴드(Francis Scott Key Fitzgerald, 1896~1940)다.

1920년대의 스타일을 완벽하게 재현한 데이지와 개츠비의 의상과 헤어스타일

이 작품은 여러 차례 영화로 제작됐다. 그중 가장 최근 작품이 2013년 5월 열린 제66회 칸 영화제에서 개막작으로 상영된 바즈 루어만(Baz Luhrmann) 감독의 〈위대한 개츠비〉다. 루어만 감독은 피츠제럴드가 자신의 소설에서 '멋진 신기루'라고 표현한, 바로 그 1920년대의 뉴욕을 가장 매혹적인 영상으로 재현했다는 평가를 받았다.

루어만 감독의 〈위대한 개츠비〉는 전형적인 패션 영화다. 이 영화에서 의상은 영화 〈로미오와 줄리엣〉, 〈물랭 루즈〉로 아카데미 의상상을 받은 캐서린 마틴(Catherine Martin)이 맡았는데, 그는 루어만 감독의 아내이기도 하다. 마틴은 영화를 위해 프라다(Prada), 브룩스 브러더스(Brooks Brothers), 티파니(Tiffany) 등 세계적인 명품 브랜드와 협업했다. 덕분에 한 편의 거대한 패션 컬렉션이 연출됐고 2014년 아카데미 시상식에서 쟁쟁한 작품들을 제치고 의상상을 수상했다.

캐서린 마틴 감독은 "1920년대와 현재는 끊임없이 대화를 나누고 있다"고 강조한다. 그만큼 1920년대는 패션사 연구에서 매우 중요한 시기다. 이때의 패션은 재즈와 아르데코 양식으로부터 크게 영향을 받았다. 1920년대 뉴욕은 아르데코의 도시였다. 아르데코는 기능적이며 기하학적인 장식 미술의 한 형태로, 직선미를 추구하는 모더니즘을 잉태했다. 뉴욕에서 아르데코 양식의 진수는 엠파이어 스테이트 빌딩으로 지목된다.

패션에서 아르데코 양식은 새로운 여성상을 시각화했다. 일자리가 늘어나고 투표권이 생긴 여성들이 활동적으로 변하면서 답답하게 몸을 조이던 코르셋을 버리고 발목까지 내려오던 치마를 무릎 길이로 짧게 입었다. 스타킹도 말아 올려 다리를 드러내고 머리는 짧게 잘랐다. 또 직선형 실루엣의 드레스를 입고 술이나 깃털 장식, 크리스털로 화려하게 꾸미고 자유분방하게 재즈 파티를 즐겼다. 이 여성들은 '플래퍼'로 불렸다.

기존 빅토리아 시대의 여성 규범과 행동 방식을 거부하고 독특한 화장법과 패션을 주도한 이들 플래퍼는 의상을 의사

재즈파티를 즐기는 영화 속 플래퍼의 모습

전달의 매개체로 이용했다. 술을 마시고 공공장소에서 담배를 피우고 성관계도 자유롭게 가졌다. 이들에 대한 당시의 반응은 경악에 가까웠다.

영화 〈위대한 개츠비〉에 등장하는 데이지(캐리 멀리건Carey Mulligan)는 바로 이 플래퍼를 대표하는 인물이다. 자기중심적이며 성적으로 자유롭고, 재미를 추구하지만 자석처럼 사람을 끄는 매력을 지닌 젊은 여성의 표상인 데이지를 통해서 당시 플래퍼의 생각과 특성을 엿볼 수 있다.

영화에서 데이지의 의상을 비롯한 여성들의 플래퍼 의상은 캐서린 마틴 감독과 패션디자이너 미우치아 프라다(Miuccia Prada)의 협업 작품이다. 캐서린 마틴 감독은 지난 20년 동안 프라다가 선보인 런웨이 룩에서 영감을 얻어 1920년대 룩을 현대적으로 재현했다. 특히 프

1974년 작 〈위대한 개츠비〉(왼쪽)의 데이지의 모습과
2013년 작 바즈 루어만 감독 〈위대한 개츠비〉(오른쪽)의 데이지의 모습

개츠비를 재회하는 날 입은 데이지의 파스텔 톤 의상과 플래퍼 스타일의 머리(왼쪽)와
티파니 2억 원짜리 헤드밴드를 한 데이지의 파티의상(오른쪽)

라다가 2011년 봄/여름 패션쇼에서 선보인 의상에서 영감을 많이 받았다. 마틴 감독은 프라다에게 모두 40벌의 드레스를 의뢰했다. 특히 데이지의 의상은 데이지가 미국 최상류층 남편을 둔 속물적인 캐릭터인 만큼 플래퍼 이미지를 따르면서 소재와 의상 디테일을 매우 럭셔리하게 표현했다.

1920년대 색상은 여성스러움을 강조하는 파스텔 계열의 색상과 강렬하고 뚜렷한 아르데코 색상의 두 가지로 분류된다. 데이지가 개츠비를 릭의 집에서 처음 만날 때 입은 드레스는 파스텔 계열의 보라색이고 머리에 두건을 쓴 아르데코 문양의 드레스는 검정과 빨강의 뚜렷한 색채 대비를 보여주었다.

제작진은 영화에서 시대상을 반영하는 상징물로 보석을 활용했다. 데이지의 보석은 그의 이름처럼 데이지 꽃을 모티브로 했는데, 그가 파티에서 착용했던 다이아몬드와 진주가 박힌 헤드피스만 해도 무려 2억 원을 호가하는 것이었다고 한다. 또 영화에는 약 30여 점의 보석이 나오는데, 이들이 모두 티파니 작품이었다. 캐서린 마틴과 티파니는 18개월간의 협업 끝에 1920년대 아르데코 스타일과 재즈 시대의 화려함을 재현했다. 176년의 티파니 역사에서 영화와의 협업은 1961년 〈티파니에서 아침을〉 이후 〈위대한 개츠비〉가 두 번째였다.

　영화에서 또 하나의 중요한 스타일 포인트는 메이크업이었다. 바즈 루어만 감독은 메이크업이 의상, 조명과 조화를 이루어야 각각의 캐릭터에 진정성 있는 영혼을 부여할 수 있다고 믿었다. 메이크업은 뉴욕에 본사를 둔 세계적인 메이크업 브랜드 맥(MAC)에서 진행했다. 고전의 미를 현대적으로 아름답게 풀어낸 메이크업 아티스트 마우리지오(Maurizio Silvi)는 재즈 시대의 자동차 컬러에서 눈 화장 색상의 영감을 얻었다고 했다. 입술 메이크업에서는 각 캐릭터와 조화를 이루는 컬러를 매치하여 당시 유행했던 선명한 입술선을 그대로 옮겨 고풍스러운 느낌을 현대적으로 재해석했다.

　〈위대한 개츠비〉에 나오는 개츠비 룩은 여성의 플래퍼 룩 못지않게 중요하고 근사하다. 1974년 개봉된 〈위대한 개츠비〉(잭 클레이튼Jack clayton 감독, 1921~1995)에서 주인공을 맡은 영화배우 로버트 레드포드(Robert Redford)의 개츠비 룩을 만들어낸 사람이 디자이너 랄프 로렌(Ralph Lauren)이었다면 2013년의 개츠비 스타일은 브룩스 브러더스가 완성했다고 해도 과언이 아니다. 이 브랜드를 즐겨 입었던 작가 스콧 피츠제럴드는 소설에서도 '미국 신사를 위한 옷'이라는 표현으로 브룩스 브러더스(brooks Brothers)를 상찬했다.

　아메리칸 클래식의 대명사라고 자부하는 브룩스 브러더스는 1849년 미국에서 처음으로 기성복 정장을 판매했다. 링컨, 루스벨트, 케네디, 오바마까지 역대 대통령 44명 중 무려 39명의 미국 대통령이 브룩스 브러더스의 단골 고객으로 알려졌다. 특히 오바마는 대통령 취임식에서 브룩스 브러더스 코트를 입어 화제가 됐다. 브룩스 브러더스는 자사의 디자인보관소에 있던 의상을 토대로 당시 스타일을 고증해 남성복 500벌과 1,700여 개의 남성용 소품을 제작했다.

개츠비 룩은 조끼를 포함한 쓰리피스(three-piece)를 기본으로 한다. 개츠비(레오나르도 디카프리오 Leonardo DiCaprio)가 데이지를 처음 만난 장면에서 입었던 푸른 색상의 얇은 세로줄 무늬 셔츠에 짙은 갈색 조끼를 코디한 크림색 플란넬(부드럽고 촉감이 좋으며 탄력성 있는 방모직물) 슈트 의상이나 1974년 동명 영화에서 히트를 쳐 다시 재현된 연한 핑크색의 개츠비 슈트는 원작에서 묘사된 그대로 재현됐다.

크림색 쓰리피스 슈트, 브라운 조끼,
블루셔츠, 골드타이로 매치된 개츠비 룩

개츠비의 헤어 스타일도 유명하다. 깔끔한 슈트 차림에 포마드로 8 대 2 가르마의 멋을 낸 1920년대 스타일의 디카프리오 덕분에 젤과 왁스, 포마드 등 남성 헤어 제품의 매출이 크게 늘었다고 한다. 또 40년 전 〈위대한 개츠비〉 열풍의 주역이던 랄프 로렌, 아르마니, 구찌, 마르케사(Marchesa) 등도 영화상영 후 1920년대 복고풍 남성복을 앞다퉈 출시했다.

아무도 사랑을 믿지 않는 시대에 사랑에 푹 빠진 한 남자, 개츠비. 데이지는 개츠비를 위해 단 한 차례도 울지 않았지만, 정작 개츠비의 아름다운 셔츠 앞에서 울음을 터뜨렸다. 속물적이고 탐욕스러운 눈물이었다. 그렇게 개츠비는 꿈을 이루지 못하고 사람들의 탐욕 속에서 희생됐다.

23

1980년대 월스트리트에서
잘나가던 패션

〈더 울프 오브 월스트리트〉

권위적인 줄무늬 슈트, 넓은 어깨패드, 넓은 라펠 슈트에 넓은
실크 넥타이를 매치한 90년대 파워 슈트를 입은 디카프리오

　　미국 증권가 최고의 승부사들이 즐겨 입던 옷이 화려하게 펼쳐
지는 영화 〈더 울프 오브 월스트리트〉(2014)는 1980년대 후반, 지
금처럼 인터넷이 발달하지 않고 정보가 공유되지도 못할 때 주가
조작으로 뉴욕 월스트리트 최고의 억만장자가 된 주식 사기꾼, 조

단 벨포트(Jordan Belfort)의 실화를 다뤘다. 이 영화는 그가 쓴 동명의 자전적 소설 『월가의 늑대(The Wolf of Wall Street)』를 각색한 블랙 코미디다.

　1980년대 후반. 당시 미국 금융시장은 대형 기업공개가 이어지며 장기 호황을 누렸다. 하지만 지금처럼 인터넷이 발달하지 않아 정보가 널리 공유되지 못하던 때였다. 그 틈을 파고든 것은 주식중개인들이었다. 조단(레오나르도 디카프리오Leonardo DiCaprio)은 수려한 외모에 화려한 언변, 명석한 두뇌로 쓰레기 주식을 비싼 값에 팔아 성공 신화를 써내려간다. 실제 조단 벨포트는 자신의 회사 스트래튼 오크먼트에 1,000명이 넘는 브로커를 고용했다. 그러나 그의 성공 신화는 마약과 술, 섹스와 함께했다. 섹스와 마약을 제외하면 설명하기 힘들 정도로 이 영화는 매우 난잡하다. 욕설을 맛깔스럽게 잘 버무리는 마틴 스콜세지 감독의 영화답게 육두문자 '퍽(fuck)'이 무려 506차례 나온다. 물론 이 말은 욕설보다는 '제기랄', '빌어먹을' 정도의 추임새로 해석할 수 있지만 말이다.

　디카프리오는 1980~90년대 시대상과 그 당시 월가 남성패션의 전형을 보여준다. 당시는 패션이 확고한 권위를 나타내던 때였다. 특히 아르마니 슈트는 성공의 상징이었다. 조단의 성향과 지위, 야망은 아르마니 의상의 어깨선을 강조한 재킷과 주름 잡힌 바지, 대담한 무늬의 타이 등으로 표출됐다.

　영화 초반 그는 몸에 잘 맞지 않는 더블 단추 스타일의 그레이 양복을 입었으나 성공의 가도를 달리기 시작하면서 곧 슬림해진 핀 스트라이프의 의상에 잘 닦여진 구두를 신고 나왔다. 또 돈을 버는 데 대한 자신감이 커감에 따라 대담한 빨강 넥타이도 맸다.

　조단은 큰돈을 벌기 시작하면서 맞춤 슈트를 입었다. 당시 브로커

성공의 꼭지점에서 다소 슬림해진 싱글버튼 핀스트라이프 슈트를 입은 디카프리오

들에게 맞춤 슈트는 성공의 상징으로 간주되던 시기였다. 실제 조단의 의상은 90년대 초기에 맨하탄에서 남성복점을 하는 안토니 길베르트가 만들었다. 당시 조단은 슈트비로 1개월에 6만 달러(약 6,500만원) 치를 주문했다고 한다.

그런데 영화 속 의상이야기 중 잘못 알려진 것이 있다. 1990년대 남성복 스타일에 가장 큰 영향력을 미친 아르마니 스타일은 이 영화에서 사실 상징적인 부분에만 살짝 비쳤을 뿐, 영화의상의 대부분은 영화 〈영 빅토리아〉 등으로 아카데미 의상상을 세 차례나 수상한 베테랑 의상디자이너 샌디 포웰의 작품이다. 심지어 아카데미 시상식 관계자들조차도 아르마니가 전체 의상을 만들었다고 말했지만, 영화에 등장한 아르마니 옷은 극 초반 조단이 사업 파트너인 도니 아조프(조나 힐Jonah Hill)와 함께 있을 때 잠깐 걸치고 나온 옅은 그레이 색상의 슈트를 포함한 두 벌이 전부다.

1990년대는 지금으로부터 그리 머지않은 과거지만 지금의 패션스타일과는 너무 다르다. 1980~90년대 주식 붐 시기에 은행가와 주식

브로커들은 자신들의 새 지위를 뽐내기 위해 신사복을 즐겨 입었다. 넓은 어깨 패드와 라펠을 가진 권위적인 줄무늬 슈트와 실크 넥타이는 1990년대 파워 슈트의 상징이었다. 특히 프렌치 커프스와 대담한 무늬의 멜빵이 인기였다. 그러나 이 스타일은 세련미보다 이른바 '돈 자랑'에 가까웠다.

영화가 코미디 장르이다 보니 웃음을 유도하기 위해 액션과 대화가 과장됐는데 이런 스타일에 균형을 맞추기 위해 의상도 1990년대의 패션을 다소 과장된 스타일로 제작했다.

더블 단추가 달린 핀스트라이프 슈트를 입고 멕시코 전통문양의 넥타이를 맨 디카프리오

수많은 남성들이 클래식하고 보수적인 스타일의 슈트를 입고 나오는데 스타일이 다 비슷비슷해서 서로 구별되는 도구는 넥타이밖에 없었다. 조단의 넥타이 무늬는 아르펙 프린트(멕시코 전통문양 모티브)가 많았다.

여성복에서 1990년대 아이코닉 룩은 몸에 꼭 맞는 의상이다. 그중에서도 빼놓을 수 없는 패션스타일이 이른바 붕대 의상이다. 조단의 두 번째 아내인 나오미(마고 로비Margot Robbie)는 이 붕대 스타일 드레스의 선구자격인 에르베 레제(Hervé Léger)의 패션으로 빼어

영화 속의 마고 로비의 붕대스타일 드레스(왼쪽)와 90년대 에르베 레제의 드레스 실물(오른쪽)

난 미모를 한껏 과시했다. 영화에서 가장 눈을 끈 의상은 무릎까지 오는 부츠, 검정색 하이웨이스트 팬츠와 랙재킷 차림으로 머리 끝에서 발끝까지 뒤덮은 베르사체 의상이었다. 포웰은 나오미의 신흥 부자 스타일을 나타내기 위해 초반에는 에르베 레제, 지아니 베르사체, 돌체 앤 가바나처럼 도발적인 스타일의 옷을 입도록 했고, 조단과 멀어지고 그가 행복감 잃은 후반에는 프라다와 구찌로 스타일을 정제시켰다.

이 중에 마고 로비가 입은 웨딩드레스는 90년대의 전형적인 웨딩드레스 스타일이다. 이 시기 웨딩드레스 스타일의 특징은 몸에 꼭 맞는 몸판에 어깨가 완전히 드러나고 어깨 아래 부분에서 시작되는 반팔 소매와 넓게 퍼지는 스커트다. 그의 웨딩드레스를 보면 이 시기의 웨딩드레스 스타일을 고스란히 살펴볼 수 있다.

영화는 등장하는 수많은 스트리퍼와 벌거벗은 매춘녀들의 의상에서 그 시절의 속옷을 감상할 수 있는 즐거움도 선사한다. 포웰은 이 영화에서 그 시대의 속옷들을 대량으로 구하기가 가장 힘들었다고

90년대의 전형적인 웨딩드레스를 입은 마고 로비.
어깨가 완전히 드러난 반팔 드레스는 스커트 폭이 아주 넓다.

한다. 영화에 나오는 벌거벗은 매춘녀들은 월스트리트의 부의 상징
으로 속옷 위에 샤넬 팔찌를 끼고 나왔다.

　관전 포인트 하나 더. 이 영화에서는 마약에 찌든 표정을 잘 표현
해 골든글로브 남우주연상을 거머쥔 디카프리오 외에도, 감칠맛 나
는 연기로 주목받은 조연이 많다. 장 뒤자르댕(Jean Dujardin)과 매튜
매커너히(Matthew McConaughey)가 대표적인데, 이들은 2012년 영화
〈아티스트〉와 2014년 〈달라스 바이어스 클럽〉을 통해 각각 아카데
미 남우주연상을 받은 인물이기도 하다.

증권사에서 난잡하게 열린 파티 장면

24
조폭패션의 진화

〈친구〉 & 〈신세계〉

곽경택 감독의 2001년 영화 〈친구〉와 박훈정 감독의 2013년 영화 〈신세계〉는 공통점이 많다. 둘 다 조직폭력배를 소재로 했고 촬영도 부산에서 거의 다 이루어진 느와르 영화다.

필름 느와르는 주로 암흑가를 무대로 한 1950년대의 할리우드 영화를 말한다. 2차 세계대전 후 사회적 혼란의 분위기와 20~30년대 유행했던 탐정소설이 합쳐진 느와르라는 새로운 사조가 형성됐다.

〈친구〉는 어지러웠던 80년대 시절 조직 폭력배들의 이야기로 한국형 느와르의 효시가 된 영화다. 〈친구〉는 나이 든 사람들에게는 1970~1980년대 교복 세대의 향수를 떠올리게 했고 20대에게는 그 시절의 문화를 보여주었다. 영화는 당시 전국에서 820만 명의 관객을 불러 모아 한국영화 사상 최고 흥행기록을 세웠는데 박찬욱, 봉준호 감독은 〈친구〉를 지금 관람객수로 환산해본다면 1,700만 정도의 관람객이 본 영화라고 표현했다. 〈친구〉는 조폭을 미화했다는 비난에 시달렸지만 관객 동원면에서 한국영화의 한 획을 그은 것만은 틀림없다. 또 부산이 영화도시로 발돋움하는 데 큰 역할을 한 영화이기도 하다.

80년대 당시 학생 폭력배의 모습을 한 주인공 유오성과 장동건

나팔바지, 복고풍 스카프, 포니승용차, 통기타, 학교마다 존재했던 그룹사운드 등 그 시절을 추억하게 하는 요소들이 영화 곳곳에 담겨 있다. 〈친구〉에서 가장 먼저 떠오르는 영상은 네 친구의 교복 패션이다. 영화 속 주인공들은 교복을 입고 골목을 헤집고 다녔다. 교복과 함께 인기를 끈 것은 얼룩무늬 교련복과 추리닝 패션이었다. 넉넉하

지 않던 당시 학생들은 외출복으로 교련복과 추리닝을 즐겨 입었다.

이른바 '놀던' 친구들은 학생모를 삐딱하게 쓰고 교복단추를 풀어 나름의 힘을 과시하던 시절이다. 이들이 성장해 조폭이 됐을 때 즐겨 한 것은 조폭의 기본 패션이라고 할 수 있는 스포츠형 머리와 화려한 순금 목걸이, 와이셔츠 단추 두세 개를 풀어헤친 싱글재킷 차림이다.

그런데 최근 한국형 느와르 영화의 패션은 눈에 띄게 달라졌다. 2013년 개봉된 박훈정 감독의 영화 〈신세계〉는 기존의 조폭 패션과 확연히 달랐다. 〈신세계〉는 그동안 공식처럼 여겨졌던 목에는 금목 걸이, 몸에는 거대한 용이 춤추는 조폭의 모습을 싹 없애고 그야말로 건달 스타일의 신세계를 선보였다. 이 영화는 그동안 기존 조폭영화 속 이미지를 뒤집는 세련되고 스타일리시한 패션을 보여주었다.

〈신세계〉는 대한민국 최대 범죄 조직인 '골드문'에 잠입한 형사(최민식)와, 유력한 골드문의 후계자 정청(황정민), 경찰 출신으로 조직에 잠입해 있는 이자성(이정재)의 음모와 의리, 그리고 배신을 그린 영화다.

박훈정 감독은 조폭들의 외모를 대기업 회사원처럼 보이게 하는

세련된 조폭 스타일로 변모한 정청과 자성

비주얼 콘셉트를 의상감독에게 요청했고 이에 따라 스타일리시한 조폭 세계가 창조된 것이다.

의상을 맡은 조상경은 영화 속 의상들을 협찬받기보다 직접 제작하는 것으로 알려진 의상감독이다. 그는 정형화된 조폭 이미지에서 탈피하고자 기존 조폭의 상징 색이던 블랙을 빼고 그레이를 주 색상으로 설정했다. 영화의 스케일상 이정재, 최민식, 황정민 등 주요 등장인물을 제외하고서라도 항상 50명 이상의 남자들이 등장했기 때문에 조상경은 고가의 그레이 톤 클래식 슈트만 120벌을 제작했다.

이 중에 가장 빼어난 슈트 패션을 보이는 인물은 연예계 대표 패셔니스타인 이정재가 분한 이자성이다. 007 시리즈물의 제임스 본드가 입은 톰 포드(Tom Ford, 미국 유명 디자이너)의 슈트 라인에서 힌트를 얻어, 자성의 감정 변화에 따라 옷 색깔도 밝은 회색에서 청회색 블루로, 그리고 비정한 최고 권력자가 됐을 때는 검정으로 변화시켰다. 일반 슈트보다 어깨에 힘을 더 주어 남성스러움을 의도했고 슈트의 가장 중요한 포인트인 가슴 부분의 브이 라인이 더 돋보이게 디자인했다. 슈트의 라펠과 칼라 폭에도 신경을 써서 보통의 슈트보다 1.3cm씩 더 키우는 것으로 보스의 선 굵은 느낌을 전달했다.

그런데 관객의 많은 사랑을 받은 가장 돋보이는 캐릭터는 의외로 황정민이 분한 정청이었다. 정청은 평소 농담을 즐기고 부하들을 아끼지만 상황에 따라 냉혹함을 보이는 캐릭터다. 이 때문에 그는 스타일리시하면서도 약간 불균형한 이미지가 요구됐는데, 어깨선이 어깨 뒤로 약간 넘어가 마치 남의 옷을 빌려 입은 듯한 웃옷이 그런 설정에서 나왔다. 어두운 색상의 옷을 입은 다른 배역과 달리 흰 재킷에 검은 바지의 상하의 색깔을 달리한 콤비 차림은 그의 캐릭터를 더 강하게 어필했다. 또 단추를 풀어헤치거나 맨발에 구두를 신은 채 선글

스타일리시하지만 어딘지 불균형한 이미지를
보여주는 정청의 패션

라스를 쓴 패션도 그만의 독특한 보스 룩이다.

한편, 강 과장으로 분한 최민식은 가족도 없이 오직 일밖에 모르는 일 중독 형사답게 10년은 넘은 듯하고 추레하지만 편안해 보이는 캐주얼한 슈트 룩으로 강 과장 캐릭터를 소화했다.

한국영화의 경우 얼마 전까지만 해도 사극에서만 의상이 중시되어 주로 사극 의상에 제작비를 많이 투여해왔다. 1992년 대종상에서 의상상이 추가된 이후 단지 6편만 현대물이 의상상을 수상했다. 그러나 요즘은 딱히 그렇지 않다. 〈신세계〉처럼 의상 디자이너의 역할이 커지고 있는 것이다. 요즘 잘나가는 영화감독들은 〈올드 보이〉, 〈친절한 금자씨〉, 〈괴물〉, 〈타짜〉, 〈박쥐〉, 〈만추〉, 〈모던보이〉 등 20편 이상의 현대물에서 의상디자인을 맡았고 〈타짜〉로 2007년 대종상 의상상을 받은 조상경에게 손을 내민다. 이는 현대물 영화에서도 의상의 후광효과를 점차 중요시하고 있기 때문이라고 생각된다.

25
관능성 코드를
명품으로 재해석하다

〈싱글맨〉

영화에 줄곧 등장하는 톰 포드 슈트는
절제된 디테일로 완벽한 패션을 추구한다.

"패션계에서 영구적인 작품은 존재하지 않는다. 끊임없이 트렌드를 창조하고 전통을 자기만의 색깔로 재해석해야 한다." 패션디자이너 톰 포드(Tom Ford)의 말이다.

그가 영화를 디자인했다. 동성애를 그린 2009년 스타일리시 퀴어 무비 〈싱글맨〉이다. 세계 최고 패션디자이너의 영화답게 세련미가 넘친다. 1960년대 미국 모더니즘적 산업디자인의 스타일링을 완벽히 재현한 패션과 건축, 인테리어 소품들로 영화는 패션화보를 들춰보는 것 같다.

톰 포드가 뉴욕대 예술미학과를 졸업한 후 또다시 뉴욕 파슨즈에서 인테리어 디자인을 전공하여 얻은 디자인사에 대한 완벽한 이해와 디자인 감각은 영화의 전체 배경을 설정하는 데 큰 영향을 끼쳤다. 크리스토퍼 이셔우드(Christopher Isherwood)의 자전적 소설 『싱

크리스토퍼 이셔우드의 동명의 원작소설 『싱글맨』(위)과 패션디자이너이자 영화 <싱글맨>의 감독 톰 포드(아래)

글맨』이 원작인 이 영화는 주인공 조지의 심리 상태에 따라 변화하는 색채와 패셔너블한 비주얼로 영화 전체의 스토리를 끌고 나간다.

조지 역을 맡은 콜린 퍼스(Colin Firth)는 놀라운 내면 연기로 2009년 제66회 베니스 영화제 남우주연상을 수상했다. 영화는 시대적 배경이 되는 1960년대 초반 미국 사회의 불안한 공기를 조지의 심리 묘사를 통해 은근하게 드러내고 있다. 1962년은 2차 세계대전이 끝

나고 자본주의가 본격적으로 자리를 잡기 시작했던 시점이다. 영화는 쿠바의 핵 위기가 고조된 1962년 어느 날, 대학교수인 조지가 자살을 결심하면서 겪는 하루 동안의 일을 묘사했다.

이 영화는 사랑의 상실과 새로운 시작의 교차점에서 신음하는 한 성적 소수자의 모습을 담담히 그렸다. 그러나 한 소수자의 모습이라기보다는 삶의 이유를 상실한 채 표류하는 현대인의 초상을 그린 영화라고 하는 게 더 적절한 표현이다.

톰 포드는 삶에 대한 성찰을 관능적인 비주얼과 함께 빚어냈다. 그는 영상의 전체적인 미장센과 구도를 조지 역으로 분한 콜린 퍼스의 옷매무새만큼 깔끔하게 정돈했고, 인물의 감정에 따라 화면의 색조를 바꾸었다. 슬픔과 우울증으로 죽음을 결심한 조지의 내면은 모노톤의 저채도 색상으로, 또 삶의 동기가 부여되는 순간은 높은 채도의 색상으로 표현됐다. 보라색 담배, 빨간 입술, 이웃집 여자아이의 파란 드레스, 노란색 연필깎이의 원색적 색감이 쉴 새 없이 모노톤의 조지와 대비를 이룬 것이다.

젊은 층으로 갈수록 이제 남녀의 구분 없이 '섹시함'은 자신을 멋지게 표현하는 중요한 요소가 됐다. 톰 포드는 '전통과 현대의 절묘한 조화'와 '대중들에게 크게 어필하는 섹시함'을 콘셉트로 자신이 디렉터

다양한 색상으로 표현되는 조지(콜린 퍼스)의 내면을 톰 포드 감독은 아름다운 영상으로 잡아냈다.

로 있던 구찌 브랜드와 자신의 이름으로 론칭한 브랜드 '톰 포드'를 가장 고급스러우면서도 섹시하고 트렌디한 명품의 대명사로 이끌어냈다. 파산 직전의 구찌를 랄프 로렌보다 더 많은 이윤을 내는 43억 달러짜리 기업으로 키워낸 포드의 신화는 이미 패션계의 전설이 됐다.

과거 구찌가 지녀온 클래식한 전통미에 젊은 이미지를 섞은 구찌의 상품은 대중들에게 강하게 어필한 톰 포드만의 성적 미학과 맞물려 전 세계 매장들에서 바닥이 났다. 그는 패션계에서 가장 다재다능하다고 손꼽히는 디자이너 중 한 사람이다.

조지가 죽음을 결심한 날 입을 의상을 테이블에 단정하게 정돈하여 둔 모습

톰 포드에게는 독특한 생활습관이 있다. 그는 자신의 트레이드마크인 말끔한 검정 슈트와 금색 커프 링크스로 포인트를 준 풀 먹인 흰 셔츠를 단추를 채우지 않은 채 입고 있다. 그런데 이 슈트는 똑같은 대여섯 벌의 옷 중 한 벌이다. 그는 하루에 두 번 옷을 갈아입기 때문에 세탁하거나 다림질하는 동안 계속 새 걸로 교체하여 이 슈트들을 돌아가며 입는다고 전해진다.

그는 디테일에 충실한 사람으로 유명하다. 완벽함을 추구하는 데 있어 너무 예민하기 때문에 위치가 잘못된 주머니, 모호한 칼라나 소매도 참지 못한다. 그의 이러한 꼼꼼함이 패션의 조화를 볼 줄 아는 뛰어난 미학적 감

톰 포드의 패션 철학이 담긴 콜린 퍼스의 슈트와 안경

각에 더해져 완벽한 슈트를 만들어내는 동력이 되지 않았나 싶다.

세련된 디자인과 정교한 디테일이 특징인 톰 포드 슈트는 럭셔리한 멋을 추구하는 전 세계 남성들의 사랑을 받고 있다. 국내 최고의 스타인 장동건이 자신의 결혼식에서 웨딩 턱시도로 선택한 것도 톰 포드 슈트였다.

톰 포드는 슈트 룩의 표본이라 할 수 있는 007 제임스 본드 역의 다니엘 크레이그(Daniel Craig)를 위해 2012년 007 영화 〈스카이 폴〉에서 슈트, 선글라스, 이브닝 웨어, 니트 웨어, 액세서리 등 본드의 스타일 전반을 책임졌다.

주인공 조지가 영화 내내 입고 등장한 한 벌의 슈트로 톰 포드는 자신이 추구하는 패션디자인 철학을 함축적으로 담아냈다. 톰 포드가 직접 고른 정밀하게 제작된 톰 포드 슈트는 블랙 색상과 화이트 색상의 조합으로 뿔테 안경, 슬림한 넥타이, 세밀한 커프 링크스, 포켓치프로 절제된 코디를 완성했다.

조지가 착용한 뿔테 안경은 톰 포드가 직접 영화 속 소품을 위해 디자인한 제품으로 가격을 책정할 수 없는 단 하나의 제품이라

조지의 완벽한 슈트와 니콜라스의 청바지 차림의 조화

고 한다. 영화에서 조지의 마음을 사로잡은 케니 역의 니콜라스 홀트 (Nicholas Hoult)는 영화 이후 톰 포드 아이웨어의 2010 봄/여름 화보 모델로 선정되기도 했다.

톰 포드의 영화라면 무조건 패셔너블하기만 할 수도 있을 거라는 사람들의 편견은 기우였다. 영화에 등장하는 의상들은 튀지 않았다. 그의 스타일리시한 의상들은 오히려 따로 떼어놓고 보면 한 장면 한 장면이 화보라 부를 수 있을 만큼 미학적 감각을 가진 영화의 한 부분으로서 영화에 잘 녹아들었다. 이런 절제의 미학이 톰 포드 영화의 세련됨이요, 톰 포드 패션의 품격이 아닌가 싶다.

26
블루 턱시도를 입은
지적인 스파이

〈미션 임파서블: 고스트 프로토콜〉

영화의 아이콘 의상인 톰 크루즈의 블루 슈트.
넥타이를 매지 않은 이 슈트 연출방법은 영화 이후 새로운 착장 스타일로 자리 잡았다.

　　요즘 스파이는 아이폰, 아이패드로 일하고 최첨단 BMW 스포츠
카를 타며 조르지오 아르마니(Giorgio Armani) 슈트를 입는다. 애플과
BMW가 간접광고(PPL)로 투자하고 디자이너 조르지오 아르마니가
협찬한 2011년 영화 〈미션 임파서블: 고스트 프로토콜〉(브래드 버드
Brad Bird 감독) 이야기다.

톰 크루즈의 몸을 사리지 않는 연기가 돋보이는 두바이 초고층 빌딩에서의 장면

1996년 브라이언 드 팔마(Brian De Palma) 감독의 1편을 시작으로 네 번째 영화까지 15년간 명맥을 이어온 미션 임파서블 시리즈는 할리우드의 대표 액션 영화다. 고스트 프로토콜은 거대한 폭발 사건에 연루된 CIA의 비공식 조직 미션 임파서블 팀이 특수비밀요원 이단 헌트(톰 크루즈Tom Cruise)와 새로운 팀으로 재정비되어 미션을 수행하는 과정을 그렸다.

그동안의 미션 시리즈 중 최고라는 평을 이끌어낸 데는 이단 헌트 역을 맡은 톰 크루즈가 두바이에 있는 828m의 세계 최고층 빌딩에서 대역 없이 몸을 사리지 않고 촬영한 생생한 연기와 아이폰, 아이패드를 이용한 최첨단 첩보기기 그리고 이들 분위기에 딱 부합되는 의상으로 화려한 볼거리를 제공했기 때문이다.

영화에 나오는 모든 남자 배우의 슈트는 맞춤복이다. 톰 크루즈가 입은 윤기가 자르르 흐르는 푸른색 싱글 슈트와 윌리엄 브랜트(제레미 레너Jeremy Renner)의 자주색 스티치가 있는 회색 슈트, 벤지 던(사이먼 페그Simon Pegg)의 더블 단추 슈트가 모두 맞춤복으로 제작된 의상이다. 이 중 단신임에도 슈트가 잘 어울리는 배우로 유명한 톰 크루즈의 의상은 상영 이후 남성복의 새로운 유행을 선도했다.

톰 크루즈가 두바이에서 입은 푸른색 슈트는 이 영화의 의상감독을 맡은 마이클 케플란(Michael Kaplan)이 직접 제작했다. 그는 신선하고 기억에 남을 만한 의상을 제작하고자 현재 시점의 무대임에도 1960년대의 레트로 분위기를 추구했다. 그래서 영화의 의상 아이콘이 된 이 의상은 빈티지 느낌이 난다. 두바이의 더운 날씨에 아주 잘 어울리는 푸른색 슈트는, 광택이 있고 질기며 구김이 가지 않는 장점을 가진 모헤어(우아하면서도 화려한 광택이 나는 모 소재)로 제작되어 빛을 받는 각도에 따라 다른 모습을 보였다.

이 푸른색 슈트 장면 촬영을 위해 영화의상으로는 이례적인 방법이 동원됐다. 맞춤복 16벌, 맞춤 구두 20켤레, 맞춤 셔츠 24벌을 미리 준비하여 그중 톰 크루즈에게 가장 잘 어울리는 것을 고를 정도로 케플란은 이 슈트에 정성을 쏟았다.

뒤트임이 하나 있고 두 개의 단추가 달린 싱글재킷은 슈트의 슬림한 맞음새로 인해 허리가 더 가늘게 보인다. 여기에 코디되는 셔츠로 마이클은 흰색 셔츠를 매치했다. 넥타이를 매지 않은 슈트 차림은 영화 이후 새로운 슈트 패션스타일로 인기를 끌고 있다.

영화에서 소개하고 싶은 톰 크루즈의 슈트가 하나 더 있다. 인도 뭄바이에서 입은 검정 실크 라펠이 달린 미드나이트 블루 색상의 아르마니 턱시도다. 아르마니가 제작한 미드나이트 블루 톤의 턱시도는 강인하고 지적인 이단 헌트의 이미지와 잘 맞아떨어졌다.

아르마니는 20세기 후반부터 영화의상에 적극 참여해 자신의 패션 철학을 스크린에 풀어낸 디자이너 중 한 명이다. 패션업계에서 아르마니를 중요하게 평가하는 점은 그가 영화를 통해 여성 패션에 비

톰 크루즈가 입은 미드나잇 블루 색상의 아르마니 턱시도.(왼쪽) 톰 크루즈의 <미션 임파서블>
스타일 재현으로 김남길은 2014년 부산국제영화제에서 패셔니스타로 등극했다.(오른쪽)

해 상대적으로 관심을 받지 못했던 남성 패션을 중심부로 이끌어냈
다는 사실이다.

그러나 아르마니가 제작한 톰 크루즈의 턱시도는 제작만 아르마
니가 했을 뿐 디자인은 의상감독 마이클 케플란의 작품이다. 이 옷은
007 시리즈에서 제임스 본드 역의 다니엘 크레이그가 입었던 옷과
유사하다. 그런데 허리띠와 조끼가 없어서 톰 크루즈의 턱시도가 더
현대적으로 보인다. 재킷의 라펠, 파이핑, 단추가 검정색 실크로 멋지
게 매치돼 있는 이 슈트는 어두운 불빛 아래서는 검정색으로 보이기
도 했다. 이 턱시도에는 '이단 헌트를 위한 조지 아르마니 의상'이라
고 적혀 있다.

톰 크루즈는 일반적인 검정색 턱시도보다 더 자신을 돋보이게 하
는 이 슈트를 영화 시사회에서도 입고 아르마니와의 친분을 과시하
기도 했다. 2014년 부산 국제영화제에서 김남길은 톰 크루즈의 이

턱시도 스타일(로드 앤 테일러 제품)을 입고 나와 새로운 패셔니스타에 등극하기도 했다.

톰 크루즈의 의상이 영화에서 빛을 발한 것은 슈트뿐이 아니다. 톰 크루즈는 후드 달린 가죽 재킷으로 새로운 남성 스타일을 확립했다. 가죽 재킷은 커다란 미션을 수행한 후 그의 신분을 숨기는 도구로 작용했다. 그는 후드 달린 스웨터나 후드 달린 가죽 재킷으로

자신을 숨기기 위한 도구로 작용한 톰 크루즈의 후드 달린 가죽재킷은 나이를 초월한 매력을 발산한다.

자신을 드러내지 않고 자신만의 편안함을 만끽했다. 게다가 가죽 재킷을 입은 그의 모습은 당시 나이 50세라고는 믿기지 않을 만큼 젊은 에너지가 가득한 모습으로 연출됐다.

영화에서 의상의 색상은 장면의 분위기를 보여주는 중요한 역할을 한다. IMF 에이전트 제인 카터(폴라 패튼Paula Patton)가 입은 초록색 쉬폰 야회복은 마이클 케플란이 직접 디자인한 의상으로, 오입쟁이 인디안 거물을 유혹하기 위한 것이었다. 이 의상은 그의 피부톤과 완벽하게 어울리는 데다가 한쪽 어깨가 드러나고 다리 부분을 길게 파서 더욱 유혹적인 모습을 연출했다.

케플란이 폴라 패튼의 유혹적인 드레스를 힘 있고 화려하게 보이는 빨간색이 아니라 초록색으로 선택한 이유는 파티의 시중을 드는 도우미들의 빨강색 의상과 보색대비를 주어 더 극적으로 보이게 하기 위함이었다.

유혹적인 그린드레스를 입은 IMF요원 제인 카터 역의 폴라 패튼

　새로 구성된 IMF 팀이 첫 미팅을 할 때 멤버들 모두 다양한 회색
톤의 의상으로 통일해 입은 것은 그들의 행동 방향이 미궁에 있는 상
황을 나타내려 함이었다. 이 그레이 색상의 선택에는 의상감독 마이
클 케플란의 개인적 취향도 작용했다. 닉네임이 '그레이'라고 할 정도
로 그는 그레이를 좋아하는 것으로 유명하다.

27
호화 캐스팅보다 더 빛난
남성복의 향연

〈오션스 13〉

깔끔하고 심플한 스타일의 두 주인공 의상. 조지 클루니는 블랙 앤 화이트
코디로, 브래드 피트는 컬러풀한 색상으로 스타일을 대비시켰다.

삼성 휴대폰이 영화 속 PPL(Products in Placement, 간접광고)로 마케
팅 효과를 톡톡히 본 영화가 있다. 〈오션스 13〉(2007)이라는 영화다.
카지노 대부인 윌리 뱅크(알 파치노Al Pacino)가 어렵게 구입한 삼성 휴
대폰을 보안 직원에게 자랑하는 장면에서다. 이 모습은 관객들에게
삼성폰이 명품이라는 깊은 인상을 남겨줬다.

라스베이거스를 배경으로 한 미국의 범죄 코미디 3부작인 오션스 시리즈는 〈오션스 11〉, 〈오션스 12〉, 〈오션스 13〉 순으로 이어진다. 영화는 오션의 한 멤버에게 사기를 쳐 파산에 몰아넣은 카지노의 대부 알 파치노에게 오션스 일당이 복수하는 카지노 털기 한판 승부를 담아냈다. 〈오션스 13〉은 단 한 편의 영화를 위해 초호화 캐스팅으로 모였다는 사실과 타의 추종을 불허하는 남성복 패션의 장이라는 점에서 많은 관심을 받았다.

오션스 시리즈는 전부 스티븐 소더버그(Steven Soderbergh) 감독이 메가폰을 잡았지만 의상감독은 각각 다르다. 어떤 비평가들은 2001년 〈오션스 11〉로 시작하는 '오션스 시리즈'가 1977년 영화 〈대부〉 이후 남성복에 가장 많은 영향을 끼친 영화라고 주장한다. 마치 2006년 영화 〈악마는 프라다를 입는다〉를 보고 여성들이 열광했던 것처럼, 이번에는 오션스 시리즈에서 나오는 조지 클루니(George Clooney), 브래드 피트(Brad Pitt), 앤디 가르시아(Andy Garcia), 알 파치노의 모습이 관객을 사로잡았다.

아르마니의 경영진인 로버트 트리푸스는 오션스 시리즈가 남성복 패션 트렌드에 커다란 영향을 끼친 데는 의상 스타일뿐 아니라 영화에 나오는 호화 캐스팅도 한몫했다고 분석했다. 게다가 매력 넘치는 배우들이 영화의상에 참여한 아르마니, 폴 스미스, 요지 야마모토, 돌체 앤 가바나, 콤 데 가르송(Comme des Garçons)과 구찌의 의상을 입었으니 할리우드 매력남들의 패션쇼장이라고 해도 과언이 아닐 테다.

영화의상을 맡은 루이스 프로글리(Louise Frogley)는 "주연 캐릭터가 13명이나 되는 이 영화에서 각자 캐릭터에 맞는 의상을 제작하기가 쉽지 않았다"고 고충을 털어놓았다. 스티븐 소더버그 감독은 시리즈

<오션스 13> 일당의 의상은 캐릭터별로 확연한 차이를 보인다.

를 시작한 장소에서 끝을 맺기 위해 <오션스 13>의 배경을 카지노로
설정했을 뿐만 아니라 의상 역시 <오션스 11>과 유사하게 표현하도
록 요구했기 때문에 프로글리는 전편의 의상을 계승하되 의상 형태
를 전편보다 한층 고조된 스타일로 디자인했다는 말도 덧붙였다. 그
결과 요란한 의상은 더 요란하게, 정교한 의상은 더 정교하게, 클래
식한 의상은 더 클래식하게 변했다.

　온화하고 정중한 <오션스 13>의 리더인 대니 오션 역의 조지 클
루니는 영화에서 특별히 우아한 의상을 선보였다. 세련되고 지적
인 이미지의 카리스마를 가진 캐릭터여서 보수적인 패션스타일로
단순하면서도 스타일리시하게 표현했다. 그의 모든 셔츠는 맞춤복
으로 제작되었고 그의 슈트는 구찌와 아르마니의 클래식 라인에서
골랐다.

　캐릭터별 의상디자인에서 제일 어려웠던 것은 똑같이 깔끔하고 심

중후한 매력의 조지 클루니(중앙)와 섹시한 브래드 피트(오른쪽), 지적인 맷 데이먼(왼쪽)은
각자에게 맞는 선글라스로 각기 다른 패션스타일을 선보였다.

플한 의상 스타일을 가진 대니 오션 역의 조지 클루니와 러스티 라
이언 역을 맡은 브래드 피트의 의상을 구분하는 것이었다. 프로글리
는 고심 끝에 브래드 피트의 의상은 조지 클루니보다 더 심플하면서
도 컬러풀하게 만들었다. 셋 중 가장 터프한 매력을 가진 신선한 이
미지의 러스티 라이언 역의 브래드 피트의 의상은 전편보다 약간 톤
이 낮아졌다. 어떤 배우는 의상 감독에게 자신의 패션 아이디어를 제
안하기도 하는데 브래드 피트가 그런 경우였다. 그는 자신이 맡은 의
상이 좀 더 심플하고 깔끔해야 한다며 덜 화려하게 해달라고 주문
했다. 그는 자신에게 영감을 주는 배우로 스티브 맥퀸(Steve McQueen,
1930~1980)과 데니스 호퍼(Dennis Hopper, 1936~2010)를 지목한 뒤 그
들의 모습을 따라 했다. 그 결과 브래드 피트는 흰색과 옅은 노란색
의 딱 달라붙는 1960년대 스타일의 테일러드 슈트를 입고 나왔고,
이 스타일은 자연히 클루니의 어두운 색상 슈트 스타일과 대조됐다.
브래드 피트가 입은 베르사체의 흰색 스키니 진과 프라다 벨트 스타
일은 그의 신선한 매력을 배가시켰다. 마지막 공항 장면에서 입은 금
빛 의상은 임무를 완성함으로써 그가 얻은 막대한 부를 의미하기도

엘렌 바킨을 유혹하는 장면에서 마오쩌둥의 슈트 스타일을 입은 맷 데이먼

했다. 짙은 골드색 싱글 재킷은 현대적이면서도 옛날 분위기가 물씬 풍겼다.

반면에 라이너스 콜드웰 역의 맷 데이먼(Matt Damon)은 휴고 보스 (Hugo Boss), 제이 크루(J. Crew) 등의 깔끔한 프레피 룩(단정한 셔츠와 면바지, 재킷을 기본 구조로 하는 스타일)을 입었다. 맷 데이먼은 전편보 다 어른처럼 보이게 하는 것에 초점을 맞췄다. 맷은 작전상 엘렌 바 킨을 유혹하는 장면에서는 마오쩌둥의 슈트 스타일로 차별화된 모 습을 선보이기도 했다.

그런데 영화에서 프로글리가 가장 베스트로 꼽은 것은 오션스 일 당과 13 대 1의 대결을 펼친 알 파치노의 갱스터 패션이었다. 알 파 치노는 이탈리아 유명 브랜드인 바타글리아(Battaglia) 맞춤복을 머리 부터 발끝까지 자기만의 취향이 그대로 묻어나는 옷차림으로 복잡 하고 요란하게 차려입고 갱스터 패션을 한껏 과시했다. 그중 페이즐 리 무늬의 타이와 앞 포켓에 꽂은 행커치프는 색상이 요란하면서도 셔츠와 멋지게 어울려 갱 두목 이미지를 잘 드러냈다.

아비가일 스폰더 역의 엘렌 바킨(Ellen Barkin)의 의상은 일반적인 비즈니스 여성 복장과는 사뭇 다르게 설정됐다. 함께 등장하는 알

줄무늬 슈트에 흰 칼라가 달린 줄무늬 셔츠와 무늬
있는 핑크색 타이로 갱스터 패션을 차별화한 알 파
치노.(오른쪽) 비즈니스 여성답지 않게 핑크색 드
레스를 선정적으로 입고 있는 엘렌 바킨(왼쪽)

파치노와의 조화가 중요했기 때문이다. 엘렌은 진부한 파워 슈트가
아니라 그의 몸매가 드러나는 드레스를 입었다.

월리 뱅크의 카지노에서 일하는 사람들의 복장도 신경 써야 했다.
이들을 한 화면에 잘 버무리기 위해서 프로글리는 아시아 스타일의
사진과 문양을 참고했다. 마치 오케스트라에서 각자 다른 파트가 통
일된 하나의 음을 연주하는 것처럼 일사불란하게 움직이는 직원들
은 가장 최신 스타일이면서 아시아 스타일이 가미된 히피스타일 유
니폼이 제격이었다.

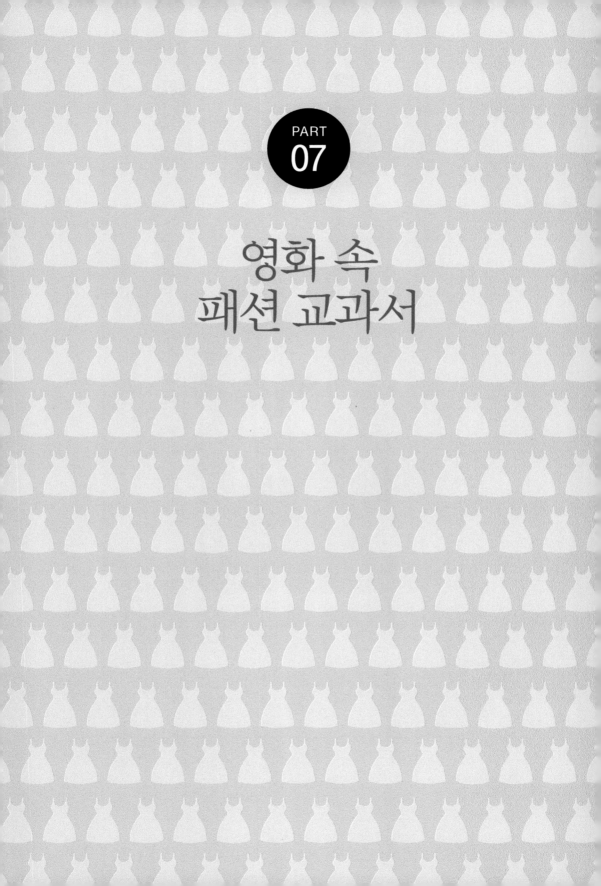

영화 속
패션 교과서

28
1960년대 패션의 교과서

〈팩토리 걸〉

커다란 샹들리에 귀걸이와 인조속눈썹을 달고 담배를
피는 모습은 에디 세즈윅의 전형적인 스타일이다.

2005년과 2006년 세계 미술품 가격 최고 1위는 단연 피카소(Pablo Picasso, 1881~1973)였다. 그런데 2007년 세계 미술시장을 장악한 사람은 앤디 워홀(Andy Warhol, 1928~1987)이다. 특히 뉴욕 크리스티 경매장에 오른 '그린 카 크래시'(1963년 작)는 실제 일어난 자동차의 사고 사진을 녹색 모노톤으로 처리한 뒤 폴라로이드처럼 여러 장 이어 붙인 평면 작품으로, 우리 돈으로 약 800억 원에 거래됐다.

앤디 워홀은 '예술이란 대중이 좋아하는 것을 표현하는 것'이라고 판단하여 대중미술과 순수미술의 경계를 무너뜨린 현대미술의 아이콘이다. 그는 동시대 문화와 사회에 대한 날카로운 통찰력과 이를 시각화해내는 직관을 가지고 있었다.

포스트모던 미술의 과정과 개념에 전반적인 영향을 끼쳐 앤디 워홀은 20세기 가장 영향력 있는 미술가 가운데 하나로 평가된다.

상들리에 귀걸이와 인조 속눈썹을 하고 모피 코트를 입고 있는
에디 세즈윅과 빈티지 패션 룩의 앤디 워홀

살아 있을 때부터 현대미술의 전설로 통했던 앤디 워홀과 1960년대 최고의 패션 아이콘인 에디 세즈윅(Edith Minturn Sedgwick, 1943~1971)의 일화를 담은 영화가 바로 조지 하이켄루퍼(George Hickenlooper, 1965~2010) 감독의 2006년 작 〈팩토리 걸〉이다. 영화는 1960년대 패션의 교과서로 불릴 정도로 패션과 스타일이 살아 숨 쉬는 당시의 문화적 배경과 패션을 고스란히 보여준다.

'팩토리(공장)'라고 불리는 앤디 워홀의 작업 공간은 예술을 대중화 시키고자 하는 1960년대 미국 청년문화의 용광로였다. 이곳은 에디 세즈윅의 작업 공간이기도 했다. 마약과 섹스, 포르노에 가까운 영화 촬영, 전위적인 회화 작업, 사진과 미술품의 복제 등 극도의 자유분방함이 예술창작이라는 이름으로 이곳에서 용납됐다.

영화는 이 같은 팩토리의 재현을 위해 앤디 워홀 재단의 협조를 받아 1963년부터 1966년까지의 앤디 워홀의 작품 19점을 소품으로 활용했다. 또 프로덕션 디자이너인 제레미 리드는 에디 세즈윅을 돋보이게 하기 위해 그의 패션에 가장 잘 어울리는 붉은 톤을 영화 전체의 색조로 사용했다.

에디 세즈윅의 실제 모습

혼돈의 시대 1965년. 에디 세즈윅은 패션계 최고의 이슈였다. 그의 패션은 많은 예술가들에게 영감을 주었지만, 28년의 짧은 삶을 약물 중독으로 마감하고 말았다. 그러나 그의 독특한 패션은 긴 세월에 걸쳐 전 세계로 퍼져나갔으며 지금까지도 영향을 미치고 있다. 그의 룩은 샤넬의 디자이너 칼 라거펠트(Karl Lagerfeld)의 패션 모티브가 됐고, 케이트 모스(Kate Moss)를 비롯한 톱 모델들의 롤 모델이 됐다.

1960년대를 대표하는 패션스타일은 디자이너 메리 퀀트(Mary Quant)가 1960년대 당시 미니멀리즘의 영향을 받아 내놓은 미니드레스와 이에 어울리는 납작한 구두, 짙은 눈 화장을 한 스타일인 '첼시 룩(chelsea look)'과 런던 카나비 스트리트를 중심으로 나타난 스트리트 패션인 '모즈 룩(mods look)'이었다. 모즈는 'moderns'의 약칭으로 당시 락 가수들의 복장과, 비틀즈가 에드워드 시대의 우아한 복장 스타일을 현대적으로 해석하여 보여준 복장에서 유행하게 됐다. 허리를 가늘게 조인 꽃무늬 셔츠, 바지 끝이 넓은 판탈롱, 무늬가 큰 넥타이 등이 특징이다.

영화에서 의상을 맡은 존 던(John Dunn)은 팝아트의 결정체인 세즈윅의 팩토리 걸 패션을 재현하기 위해 미국 전역을 돌아다녔다. 그는 상세하게 기록되어 있는 당시의 방대

짧은 미니스커트에 호피무늬 털코트를 입은 에디 세즈윅.(위) 하의 실종 패션의 원조는 에디 세즈윅이다.(아래)

한 자료들 중에서도 21세기의 관객들에게 어필할 패션 아이템을 찾는 데 몰두했다. 지금은 생산되지 않는 옷감과 최대한 비슷한 질감을 내기 위해 미국 전역을 여행하며 빈티지 판매상들과 접촉하여 에디의 상징적인 패션스타일을 재창조했다.

이런 과정을 거쳐 완성된 것이 깡마른 몸매에 블랙 타이즈, 하이힐, 기하학적인 원피스, 숱이 무성한 인조 눈썹, 스모키 화장, 대담한 빅사이즈의 샹들리에 이어링 등이다.

　이처럼 과감하고 매혹적인 패셔니스타 세즈윅을 연기한 배우는 '제2의 케이트 모스', '할리우드의 패션 아이콘'이라 불리며 할리우드의 새로운 패션 아이콘으로 급부상하고 있는 시에나 밀러(Sienna Miller)다. 특히 그의 아름다운 다리에 누구보다 멋지게 어울리는 검은색 스타킹과 술 장식의 흰색 톱, 검은 롱부츠, 크고 화려한 귀걸이 등을 통해 세즈윅 스타일이 완벽하게 묘사됐다.

에디 세즈윅 역의 시에나 밀러

　가수 이효리와 보아, 탤런트 소유진과 김민희 등이 유행시켰다는 '하의 실종 패션'이 사실은 오래전 세즈윅에 의해 연출된 것이다. 2013년 걸 그룹 '씨스타'가 화보로 선보인 '팩토리 걸'도 원작은 세즈윅이다.

　세즈윅의 검정 타이츠와 트라페즈 라인 원피스, 길게 늘어뜨린 태슬(술 장식) 귀걸이, 스모키 화장 등은 지금까지도 수많은 패션 피플의 마음을 사로잡고 있다. 게다가 그의 다양한 스타일은 크리스챤 디올, 샤넬, 펜디, 토리버치 등 세계적인 브랜드를 통해서도 꾸준히 재현되고 있다.

29

옷을 초라하게 입으면
사람들은 옷을 주시한다?

〈워킹 걸〉

"옷을 초라하게 입으면 사람들은 옷을 주시한다. 그런데 옷을 멋
지게 입으면 사람들은 옷을 입은 사람을 주시한다."

디자이너 샤넬의 조언이다. 이 조언은 영화 〈워킹 걸〉(마이크 니콜스Mike Nichols 감독)에 나오는 대사이기도 하다. 여성 대 여성의 직장 대결을 다룬 이 영화에서는 파워와 신분을 상징하는 의상이 영화의 중심을 잡는다. 〈워킹 걸〉은 당시 사회 속 소수에서 당당한 커리어우먼으로 급부상하는 여성들의 모습을 그린 대표적 영화다.

1980년대는 정보사회의 초입 시기로 자유와 평등의 욕구가 사회 표면으로 표출되는 시기였고 여권에 대한 의식도 크게 신장했다. 일하는 여성은 1970~80년대에는 '사무실의 꽃'인 비서, 1990년대엔 남성과 대등한 입장에서 일하는 워킹 걸, 2000년대 이후엔 살림과 일과 가정경제를 같이 책임져야 하는 슈퍼 워킹맘 신세로 변천을 거듭하고 있다. 영화 〈워킹 걸〉은 바로 '사무실의 꽃'으로 대변되던 직장 여성에서 남성과 대등한 입장에서 일하는 워킹 걸로 변화하는 시대상을 오롯이 담았다.

영화에서 주인공 테스(멜라니 그리피스Melanie Griffith)의 상사인 캐서린(시고니 위버Sigourney Weaver)은 코코 샤넬의 말을 인용하며 직장 생활의 원칙과 옷 입기의 중요성을 일일이 설교한다. 직장 생활에서 옷을 잘 입는다는 것은 중요한 업무 능력 중의 하나라는 얘기다. 〈워킹 걸〉은 '직장 여성의 옷은 예쁘고 화려한 것보다 신뢰감을 주는 것이 기준이어야 한다'는 메시지를 남기고 있다. 성공하는 여성의 옷차림을 한다면 성공하는 여성이 될 것이라고 영화는 주장한다.

요즘처럼 스타일이 강조되는 시대에서는 직장 생활에서 옷을 잘 입는다는 것이 단순히 미적인 충족의 차원을 벗어나 일종의 중요한 업무 능력 중 하나로 평가되고 있다. 조직에서는 공주처럼 예쁜 옷이나 화려한 옷보다 단정하고 유능해 보이면서도 회사와 팀 동료에게 호감과 신뢰감을 줄 수 있는 옷을 입는 것이 바람직하다. 설령 다니는 회사가 캐주얼한 차림을 허용하는 곳이라고 해도 지나치게 가벼워 보이는 복장보다 약간은 격식 있는 차림을 하는 것이 신뢰감을 준다.

여성파워를 강조하던 80년대 여성들은 여권신장이란 말에 팬츠 슈트까지 더해지자 날개를 단 듯했다. 여성들은 남성과 대항하여 프랑켄슈타인같이 어깨가 매우 넓고 견고한 슈트 스타일 의상을 입었다.

영화도 이런 점을 간과하

사자 머리의 비서 시절 모습과 높은 지위의 직장여성이 된 후 파워 드레싱을 보여주는 테스

지 않았다. 영화에 등장하는 여성들이 입은 슈트 스타일 의상에서 이를 확인할 수 있다. 어깨가 지나치게 넓고 허리선이 살짝 들어간 재킷과 무릎 길이의 정장 스커트, 무늬 없는 블라우스는 남성복에서 차용한 스타일이다. 이 스타일의 대표적인 사례가 조르지오 아르마니의 여성복이었다. 다만, 남성과 달리 고급스럽고 섬세한 캐시미어 소재가 주로 사용됐다.

영화의상 디자이너인 앤 로스(Ann Roth)는 가장 적합한 직장 여성 의상을 선택하기 위해 아르마니, 캘빈 클라인, 앤 클라인, 도나 카란 등의 다양한 브랜드 의상을 구입했다. 이런 과정에서 채택된 파워 드레싱 의상이 테스의 상사인 캐서린의 의상이다.

캐서린이 입은 파워 드레싱 의상 중에서 특히 회색 톤 의상이 눈에 띈다. 회색은 안정적이며 조화로워서 지적인 이미지를 주는 색상이다. 테스의 의상은 이런 이미지를 강하게 표출했다. 캐서린은 넓은

캐서린이 지적인 이미지의 파워풀한 전문직 여성의 옷차림을 하고 있다.
후에 테스가 이 복장을 그대로 따라 했다.

어깨 패드와, 칼라가 달리지 않은 중간 톤의 회색 실크 재킷, 무릎 길이의 스커트, 흰색 톱, 옅은 회색 트렌치코트 등의 모던 클래식 스타일로 전문직 여성 모드를 과시했다.

당시 뉴욕 월스트리트에서 일했던 여비서들의 패션을 구경하는 것도 영화를 보는 즐거움이다. 로스는 뉴욕 시내를 샅샅이 뒤지며 당시 여비서들의 실제 옷차림을 연구했다고 한다. 그 결과 뉴욕에서 일하는 여비서들이 특징적으로 공통된 옷차림과 헤어 스타일, 메이크업 스타일을 가지고 있음을 발견했다. 그들은 대담하고 거친 스타일의 미니스커트와 파격적인 표범무늬 재킷, 줄무늬 스타킹, 어마어마하게 큰 귀걸이와 번쩍이는 골드 액세서리, 사자 머리, 과장된 눈 화장으로 주변의 시선을 집중시켰다.

이렇게 관찰과 연구로 얻어진 월스트리트 여비서들의 패션스타일이 비서 시절의 테스와 동료 비서들에게 적용됐다. 영화 초반, 비서 역의 테스는 치렁치렁한 사자 머리와 단정치 못한 액세서리 차림으로 성공한 직장 여성을 상징하는 캐서린의 의상과는 전혀 다른 모습

어깨가 과장되게 확대된 80년대 파워 드레싱을 한 테스 역의 멜라니 그리피스.
남성복을 그냥 걸친 듯한 모습이다.

을 보였다. 첫 장면에서 테스가 주렁주렁 걸고 나온 싸구려 주얼리들
은 캐서린의 단순하고 우아한 진주 목걸이와 크게 대조됐다. 이 장면
에서 캐서린은 테스에게 주얼리나 액세서리들을 과감하게 줄이라고
조언한다.

테스는 캐서린이 자신의 아이디어를 훔친 사실을 깨닫고 난 뒤 자
신도 성공하기 위해 블루칼라 계급의 의상 스타일을 벗어버리고 '앤
클라인'이나 '다나 부치맨' 브랜드같이 비즈니스에 적합한 의상을 입
은 캐서린의 세련된 의상 스타일을 따라 하기 시작했다.

그런데 영화에는 반전이 있다. 극중 잭 트레이너(해리슨 포드
Harrison Ford)가 파티장에서 만난 테스에게 반하는 장면에서 테스는
달콤한 하트 모양의 목걸이를 하고 주름장식이 있는 여성미 넘치는
검정 드레스 차림이었다. 그의 여성적 매력은 박시한 디자인의 넓은
어깨 패드가 달린 재킷을 입은 직장 여성들 사이에서 몹시 두드러져
보였다. T.P.O.(시간, 장소, 상황)에 따른 옷차림의 중요성이 돋보이는
장면이다. 직장 여성도 파티 석상에서는 파워 드레싱 의상이 아니라

파티장에서 하트 모양의 목걸이와
여성미 넘치는 검정 드레스 차림을 한 테스

여성스러운 드레스가 필요하다는 것. 덕분에 테스는 성공은 물론이고 잭 트레이너와의 사랑도 쟁취했다.

앤 로스가 통찰력 있게 묘사한 비즈니스 옷차림은 오늘날에도 정통적인 직장 여성 옷차림이다. 브라운 색상의 리본 블라우스 위에 길이가 길고 품

이 넉넉한 체크 무늬 재킷을 입고 소매를 접어 올린 테스의 옷차림은 오늘날에도 직장 여성의 파워 있는 옷차림으로 적용된다. 단 어깨 패드를 대폭 줄이거나 없애버려 어깨선이 편안하고 세련되게 수정된다면 말이다.

영화 속 캐서린과, 캐서린을 따라 스타일을 바꾼 테스의 파워 드레싱은 지금도 직장 여성 옷차림의 교과서로 불리고 있다. 예나 지금이나 성공한 커리어우먼의 이미지는 우아함, 자신감, 정교함이 아닌가 싶다. 간결하고 고급스러운 슈트 패션은 직장 여성들에게 여전히 큰 인기를 끌고 있다.

30
1980년대를 휩쓴 '매니시 룩'의 매력

〈애니 홀〉

우디 앨런(Woody Allen) 감독의 〈애니 홀〉(1977)은 〈대부〉, 〈내슈빌〉과 함께 1970년대 가장 중요한 영화 중 하나로 손꼽힌다. 우디 앨런은 주로 자신의 개인적 경험과 자전적 정신세계를 프로이트적인 정

신 분석 코미디에 가까운 영화로 만들어내곤 했는데, 그 대표적인 작품이 〈애니 홀〉이다.

특히 그의 독특한 화면 구성은 이후 수많은 영화에 영향을 주었다. 〈애니 홀〉은 진지한 주제 의식과 파격적 스타일의 신선한 형식미를 통해 관객의 감탄을 이끌어낸 덕분에 1978년, 최고의 블록버스터인 〈스타워즈 에피소드 4-새로운 희망〉까지 제치고 아카데미 시상식에서 작품, 각본, 감독, 여우주연상 등 4개 부문 상을 휩쓸었다.

〈애니 홀〉의 매력은 영화의 기본 규칙을 깨뜨려 영화 형식을 파괴하고 실험하여 영화 내내 관객을 당황하게 하는 점이다. 이를테면 화면을 분할하여 과거와 현재 상황을 함께 배치한 것, 애니메이션을 삽입한 것, 만화의 말풍선을 활용해 겉과 속이 다른 등장인물의 내면을 자막으로 직접 드러내 보이는 것, 관객들을 쳐다보면서 자신의 생각을 말하고, 관객의 의견을 묻는 것, 영화 속 지나가는 사람들과 인터뷰를 해서 자신이 처한 처지에 대한 의견을 구하는 장면들이 대표적이다. 또한 당대의 미디어 이론가를 직접 영화에 등장시켜 등장인물의 주장을 비판하게 하는 장면도 등장한다.

주인공 두 사람이 사랑을 나누는 도중 사랑이 식은 애니(다이앤 키튼Diane Keaton)의 영혼이 육체에서 분리되어 나와 딴짓을 하는 장면은 또 어떤가? 사랑에 대한 진지한 이야기가 결코 진지하지 않게 표현된, 감각적이고 재치 있는 우디 앨런의 대사들은 시니컬하고 위트가 넘친다.

영화 속 여주인공인 다이앤 키튼은 실제로 우디 앨런의 연인이었다. 영화 제목 〈애니 홀〉도 다이앤의 애칭인 '애니'와 그의 본명인 '다이앤 홀'에서 따왔다. 그만큼 이 영화는 다이앤 키튼을 위한 영화라는 얘기다.

다이앤 키튼의 매니쉬 룩과 랄프 로렌이 디자인한 의상을 입고 있는 우디 앨런의 패션스타일

잘 만들어진 영화의상은 20세기 패션에서 감초 같은 존재였다. 그만큼 20세기는 영화와 패션의 관계가 깊다. 이 중에서도 가장 대표적인 작품이 〈애니 홀〉이었고, 매니시 룩을 소화해 '애니 홀 룩'을 유행시킨 다이앤 키튼의 패션은 1970년대 패션에 가장 강력한 영향을 주었다고 평가받고 있다. 일반 여성들이 바지를 입는다는 것이 다소 어색했던 70년대에, 영화 속 애니는 남성적인 느낌이 물씬 풍기는 오버사이즈 느낌의 매니시 룩을 선보였다. 다이앤 키튼이 선보인 '애니 홀 룩'은 이 영화에서 구성 못지않게 큰 사회적 영향을 주었고, 애니 역으로 출연한 다이앤 키튼은 지금까지도 많은 이들의 패션 아이콘이 되고 있다.

'매니시'란 '남자 같은'을 뜻하는 단어로, 매니시 룩은 여성복에 남성적 요소를 더한 패션이다. 물론 남성복을 그대로 입은 것이 아니라 여성답게 고쳐 입었다. 매니시 룩은 이 때문에 남녀평등의 상징으로 자주 활용되며, 특히 강한 자신감을 가진 여성을 투영하기도 한다. 남성복에서 빌려 온 매니시 룩은 여성을 가장 지적이면서도 섹시하

다이앤 키튼이 입은 남성용 셔츠와 넥타이, 검정색 조끼와 치노 바지는
『타임』이 선정한 '20세기 영화 속 최고의 패션 10'에 선정되었다.

게 표현할 수 있는 스타일이다. 미국 영화평론가인 몰리 헤스켈(Molly Haskell)은 남성복 차림의 여성은 남성이 지닌 권력을 암시할 뿐 아니라 특이한 스타일 때문에 주목을 받으며 성적인 매력까지 불러일으킨다고 했다. 영화 속 다이앤 키튼이 연출한 매니시 룩은 종속된 삶을 거부하고 자아를 찾으려는 여성들의 여권주의(페미니즘)를 의미했다. 다이앤 키튼이 입은 남성용 셔츠와 넥타이, 검정색 조끼와 헐렁한 치노 바지는 미국 시사잡지 『타임』이 선정한 '20세기 영화 속 최고의 패션 10'에 들었다.

의상 감독은 〈허슬러〉, 〈크레이머 대 크레이머〉, 〈택시 드라이버〉 등 42개의 영화의상을 담당한 루스 몰리(Ruth Morley, 1925~1991)다. 영화 촬영 당시 다이앤 키튼이 랄프 로렌(Ralph Lauren)이 디자인한 남성적인 스타일의 옷을 입고 영화를 찍으려는 것을 루스 몰리가 극구 거부하며 다이앤과 갈등을 빚었지만, 다이앤 키튼의 패션 감각을 인정하는 우디 앨런이 매니시 스타일을 입도록 배려해준 덕분에 애니 홀 룩이 탄생됐다는 후문이다. 그러니까 애니 홀 룩을 창조한 패션 디자이너는 랄프 로렌이지만, 매니시 룩의 유행을 가져온 장본인은 다이앤 키튼인 셈이다.

이 의상은 영화에서 앨비 싱어(우디 앨런Woody Allen)와 애니 홀이 테니스를 친 뒤 만나는 장면에서 애니가 입은 옷이다. 펠트 소재의 검정 중절모, 긴 칼라의 흰색 옥스퍼드 셔츠, 검은 테

영화 이후 애니 홀 룩은 뉴욕을 대표하는 패션이 되었다.

안경, 남자처럼 맨 실크 넥타이, 그리고 그 위에 단추 하나만 잠근 검정 울 조끼, 엉덩이에 걸친 베기 스타일의 바지 등이 애니 홀 룩이다. 이는 나중에 뉴욕 지식인을 대표하는 패션이 됐다.

영화의상은 캐릭터의 시각적 표현을 넘어 그 시대의 대중 패션을 선도하는 역할도 해왔다. 1960년대 이브 생 로랑과 같은 선두 디자이너들이 매니시 룩을 시중에 처음 선보였다면, 영화 〈애니 홀〉은 매니시 룩을 시장에 안착시키는 역할을 했다. 실제로 〈애니 홀〉 덕분에 1980년대 매니시 의상은 더 이상 유행이 아닌, 기성복의 한 범주로 일반화됐다.

31
의상으로 스토리를 전개한
올드패션의 아우라

〈리플리〉

초라한 진짜보다 화려한 가짜가 좋다?

'리플리 증후군'이라는 용어가 있다. 국내 언론에서도 심심찮게 언급된 이 말은 현실을 부정하면서 자신이 지어낸 허구의 세계를 진실이라 믿고 거짓된 말과 행동을 반복하는 망상장애를 일컫는다. 영국의 일간지『인디펜던트』는 우리나라를 떠들썩하게 했던 2007년 신정아의 학력위조 사건을 리플리 증후군으로 보도했다. 또 2014년 SBS〈그것이 알고 싶다〉에서 방영한 '48인의 도플갱어? 신입생 엑스맨은 누구인가'에서 나온 남자는 48명이나 되는 대학생의 신상정보를 알아낸 뒤 그 사람들인 척 행세하고 살아갔다. 이 사람도 역시 리플리 증후군에 해당된다.

리플리 증후군은 미국의 여류 소설가, 패트리샤 하이스미스가 쓴 소설『재능 있는 리플리 씨』(1955)의 주인공 이름에서 따왔다. 이 소설은 1960년 〈태양은 가득히〉와 1999년 〈리플리〉로 두 차례 영화화됐다. 영화는 자기가 아닌 다른 사람의 행세를 하는 리플리의 정체성에 관한 이야기다.

그러나 두 영화는 관점이 다르다. 앤서니 밍겔라(Anthony Minghella) 감독의 1999년 영화 〈리플리〉는 〈태양은 가득히〉보다 동성애에 대한 정체성 혼란이 더 심하고 주인공 리플리의 범죄도 드러나지 않도록 했다. 동성애자인 주인공 톰 리플리(맷 데이먼Matt Damon)는 자신의 성적 정체성을 부인하면서 스스로를 혐오한다. 그러다 잘생기고 부유한 디키 그리니프(주드 로Jude Law)를 만나 그를 숭배하게 되지만 그처럼 살고 싶은 욕망에 그를 살해하고 디키 행세를 하며 살아간다.

영화는 의상으로 스토리를 전개했다고 해도 과언이 아니다. 의상은 1997년 〈잉글리쉬 페이션트〉로 아카데미상에서 함께 베스트 의상상을 받았던 앤 로스(Ann Roth)와 개리 존스(Gary Jones)가 다시 뭉쳤다. 올드 패션의 아우라를 보여준 이 영화는 1999년 아카데미 시상식에서 각본, 감독, 의상상 후보에 올랐다. 두 사람의 영화의상은 1950년대를 배경으로 한 1999년 작품이지만, 이후 수많은 여름 의상의 디자인에 영감을 주었다.

영화의 주 배경은 이탈리아의 베니스, 로마, 나폴리로, 1958년 이탈리아를 정확하게 묘사했다. 두 디자이너는 2차 세계대전으로 인한 피폐함 속에서 새로운 삶의 방식이 태동할 때 등장한 유럽의 트렌드 '돌체비타(달콤한 인생) 룩'을 재해석하여 시대 스타일에 어울리는 절제미에 초점을 둔 디자인을 선보였다.

세련미가 몸에 붙은 디키와
촌티를 벗을 수 없는 리플리의 리조트 의상

영화의 전체 색상 톤은 영화의 상황 변화에 따랐다. 영화의 초반부는 빛이 충만한 밝은 톤으로 된 장면들이었지만, 내용이 복잡하게 얽혀가면서 의상들은 어둡고 겨울 같은 분위기가 됐고, 훨씬 복잡하고 세련된 의상으로 변했다. 리플리가 주인공이지만 의상 '관전'의 축을 이루는 배역은 오히려 디키와 그의 애인인 마지 셔우드(기네스 펠트로Gwyneth Paltrow)다.

특히 디키의 여름 의상은 지금 봐도 좋을 정도로 여름 패션의 전형처럼 보인다. 디키의 의상은 오만하면서도 매혹적인 부잣집 아들 디키의 성격을 그대로 반영했다. 그 시대의 지중해 스타일과 이탈리아 스타일의 양면 스타일을 선보인 그는, 남국 휴양지의 고급 재즈바에 어울리는 고급스럽고 캐주얼한 슈트와 구찌 로퍼(끈이 없고 굽이

낮은 캐주얼한 구두), 주름 잡힌 핑크색 린넨 반바지, 여유로운 느낌의
스웨터 재킷을 입었다. 그의 모든 의상은 수공예적인 디테일이 살아
있으며 보석이나 모자로 세련되게 마무리됐다.

디키가 몸에 밴 미적 감각으로 의상을 선택하는 타입이라면, 머리
좋고 단정한 용모의 리플리는 필요에 의해 옷을 입었다. 리플리는 디
키와 성향이 다른 만큼 심플하고 특징 없는 스타일의 옷을 입었지만,
디키의 흉내를 낼 때는 디키와 비슷한 옷을 입었다. 본래의 자신일
때는 의상 디자이너 로스가 정의하듯이 1950년대 '동부 연안의 중저
가 백화점 시어스 스타일'의 의상을 보여준다. 검정테 안경, 폴로 긴
팔 셔츠, 니트 점퍼, 코듀로이 슈트, 클래식 스타일 치노 바지가 그의
오리지널 패션 아이템이다. 그러나 전형적인 노동자 계급의 리플리
는 이중성을 가진 캐릭터여서 본래 자신의 의상과 자기가 되고자 하
는 디키의 의상을 모두 시사하고 있다.

디키를 죽이는 장면에
서 둘은 모두 검은색 티
셔츠를 입었다. 하지만
같은 검은색이라도 한
쪽은 세련미가 넘치고
한쪽은 평범하다. 몸에
밴 세련미와 흉내 낸 모
습은 차이가 있기 마련

디키를 죽이고 디키 행세를 하는 리플리와 마지의
오페라 관람 의상. 어두움이 감돈다.

이다. 그러나 디키를 죽
이고 디키 흉내를 낼 때 리플리는 이탈리아에서 맞춤양복을 입고,
디키처럼 머리도 뒤로 넘기고, 디키가 쓰는 언어며 목소리 톤까지
흉내 냈다.

밝은 톤의 리조트 룩으로 근심 걱정 없는 행복감을 연출한 마지와 디키

한편 디키를 사랑하는 여성으로 여성스럽고 우아한 이미지를 가진 여주인공 마지의 의상은 앤 로스가 1954년 영화 〈나는 결백하다〉에 나온 그레이스 켈리의 의상에서 힌트를 얻어 제작한 리조트 룩이다. 1955년 원작소설이 막 나왔을 때는 2차 세계대전이 끝난 상황이라 디올의 '뉴 룩'이 스포트라이트를 받았는데, 마지의 의상도 이런 뉴 룩을 따르고 있다. 앤 로스와 개리 존스는 그의 의상을 50년대의 우아한 돌체비타 룩으로 심플한 우아함과 절제된 여성미를 드러내는 데 중점을 두었다. 의상을 디자인할 때, 앤 로스는 클레어 맥카디 (Claire McCardie)와 노만 노렐(Norman Norell)의 1950년대 디자인을 참고했다고 전한다. 클레어 맥카디는 캐주얼한 우아함을 갖춘 평상복 디자인으로 널리 알려졌고, 노만 노렐은 극단적인 화려함이나 단순함을 배제한 디자인으로 유명하다. 그들을 참고하긴 했지만 로스가 디자인한 기네스 펠트로의 의상은 자신만의 독창적인 아이디어가 더해졌다.

의상 잡지 『보그』는 '마지가 영화에서 의상을 코디한 방법'이란 제목 아래 50년대 복고풍을 90년대 스타일로 재해석한 마지의 의상을 소개했다. 별장 정원에서 기네스 펠트로가 입었던 파자마와 손으로 짠 두툼한 니트 스웨터, 면 소재의 수영복, 무릎 밑까지 내려오는 플레어 스커트, 전원풍의 블라우스, 심플한 산호빛 여름 드레스 등…….

영화 초반에 그는 근심 걱정 하나 없어 보이는 느낌의 무릎 아래 길이 스커트 위에 비키니를 입고, 셔츠의 끝을 질끈 동여맨 리조트 웨어를 입고 나와 편안하고 즐거움 넘치는 생활을 묘사했다. 그런데 영화의 내용이 어두워지면서 의상은 무거운 색상과 소재로 진지하고 의미심장하게 변화했다. 리조트웨어 대신 낮에는 드레스나 트렌치코트, 스카프, 장갑 등으로 구성된 의상을 입고, 밤에는 세련미 넘치는 이브닝 드레스를 입었다.

메르디스 역을 맡은 케이트 블란쳇의 스타일은 1950년대 당시
하이클래스 미국인 여성의 모습을 재현했다.(오른쪽)

메르디스 역을 한 케이트 블란쳇(Cate Blanchett)은 미국인 명사 스타일을 완벽하게 재현했다. 폭 넓은 스커트에 벨트를 매고 캐시미어 스웨터를 입고 베레모를 곁들인 의상 연출은 당시 미국인 하이클래스 여성의 모습을 제대로 보여주었다.

32
우리 시대의 패션에
터부란 없다

〈제5원소〉

관능미 넘치는 릴루의 붕대 의상

"우리 시대의 패션에 터부란 없다."

파격적인 의상을 선보이기로 유명한 천재 디자이너 장 폴 고티에
가 한 말이다. 고티에는 1994년 『파이낸셜 타임스』로부터 가장 창의
적인 패션디자이너로, 1995년엔 『텍스타일 저널』로부터 세계 최고의

디자이너로 뽑혔다. 그런 그가 뤽 베송 (Luc Besson) 감독의 1997년 공상과학 영화 〈제5원소〉의 의상을 맡았다. 영화 〈레옹〉으로 강한 인상을 심어준 뤽 베송 감독이 만든 이 영화는 당시 칸 영화제의 개막작으로 선정되기도 했다. 우리나라는 이 영화의 수입비용으로 600억 이상을 지불했다.

패션디자이너 장 폴 고티에

〈제5원소〉에서는 영화 전반에 드러나는 장 폴 고티에만의 사이버 펑크 관능미를 맛볼 수 있다. 현대의 '사이버 문화'라는 새로운 시대 환경은 전자식 감수성을 지닌 사이버 펑크를 하나의 사회 문화로 정립했다. 사이버 문화는 상상력을 총동원해서 만든 이 영화의 시각적 환상에 결정적 영향을 끼쳤다.

사이버 펑크 패션의 미적 특성은 관능성, 남성과 여성을 함께 표현하는 양성성, 미래성이다. 이 중 관능성과 양성성은 장 폴 고티에가 그의 작품 세계에서 줄곧 추구해왔던 디자인 스타일이기도 하다.

패션의 상상력을 이 영화만큼 잘 부각시킨 작품도 드물다. 그는 탁월한 패션 상상력을 부각시켜 뉴욕을 배경으로 초현실적인 화려한 세계를 펼쳤다. 그는 이 영화에서 배경이 되는 23세기 뉴욕의 패션을 전위적인 이미지로 표현해 기존의 의복 가치를 완전히 해체시켰다. 그가 평소 "속옷의 아름다움을 속에만 감추는 것은 아깝다"고 주장했듯이, 그는 이 영화에서 사이버 패션을 통해 속옷과 겉옷의 경계를 과감히 무너뜨리고 노출의 관능미를 극대화했다.

고티에는 영화에 등장하는 엑스트라까지 카메라 의상테스트를 거쳐 954벌의 미래의상을 선보였다. 이 중에서 가장 먼저 감상해야 할

활동성과 관능미를 표출하는 릴루의 멜빵형 바디 슈트

것은 신비한 외모의 빨간 머리 소녀, 릴루(밀라 요보비치Milla Jovovich)
의 의상이다. 이른바 '붕대 패션'으로, 붕대 모양의 천으로 신체의 최
소한 부분만 감싸고 나머지는 노출시켜 외계 소녀의 관능미와 신비
스러움을 동시에 표출하는 데 성공했다. 고티에의 전위적 실험 정신
이 잘 느껴지는 이 붕대 의상은 팝가수 리한나(Robyn Rihanna Fenty)가
아메리칸 뮤직 어워드에서 다시 대중들에게 선보이기도 했다.

　이와 함께 릴루의 니트 탑과 멜빵형 바디 슈트, 브래지어를 겉
옷처럼 꾸민 여승무원들의 의상도 속옷과 겉옷의 경계를 무너뜨
린 역작이다. 고티에는 브래지어를 겉옷처럼 꾸민 스페이스 승무
원의 유니폼을 영화 〈스타트렉〉에 나오는 의상과, 섹시 디바로 알
려진 팝가수 브리트니 스피어스(Britney Spears)의 의상에서 힌트를
얻어 제작했다고 한다. 짧은 티셔츠에 매치하여 딱 맞는 금색 팬
티를 바디 슈트 위에 입은 릴루의 의상은 전투용 부츠로 코디를
완성했다. 이 의상은 이후 미국의 핼러윈 축제에서 소녀들이 즐겨
입는 의상이 됐다.

이 영화에서 유일하게 현실적인 의상을 입은 사람은 릴루와 함께 영화를 풀어나가는 코벤 달라스(브루스 윌리스Bruce Willis)다. 그러나 그의 의상은 단순한 캐주얼웨어임에도 불구하고 고티에 특유의 세련된 터치가 녹아 있다. 브루스 윌리스가 파라다이스에 갈 때 입은 군복 스타일 의상은 여성성과 남성성이 혼합된 패션으로 눈길을 끌었다.

이 영화의상에는 코미디 요소도 가미됐다. 남성의 몸으로 여성스러운 의상과 액세서리를 연출한 가수 루비(크리스 터커Chris Tucker)의 호피 코트 복장에서도 성의 경계를 넘나든 고티에 특유의 디자인 성향이 나타났다. 악역 연기자의 대명사인 게리 올드만(Gary Oldman)이

분한 조르그는 남성의 성기를 모티브로 한 기묘한 헤어스타일과 독특한 패션을 선보여 그의 다중 성격을 절묘하게 드러냈다. 그의 패션은 파격적이면서도 댄디한 오트쿠튀르 의상과 어딘지 닮은 데가 있었다.

이 파격적인 의상들을 원래는 코벤 달라스 역엔 멜 깁슨(Mel Gibson)이, 릴루 역엔 줄리아 로버츠(Julia Roberts)가, 루비 역에는 가수 프린스(Prince)가 맡아 입을 예정이었다고 한다. 만약 이들이 〈제5원소〉의 의상을 입었다면 어땠을까?

남성의 몸으로 여성적인 치장을 연출해 남녀의 성을 허무는 가수 루비(위)와 남성의 성기를 모티브로 한 헤어스타일의 조르그(아래)

바디컨셔스라인 의상으로 미래적 관능을 보여주는 외계인 디바(왼쪽)와
브래지어를 이용하여 속옷을 겉옷화한 관능미 넘치는 승무원 의상(오른쪽)

    앞, 뒤, 옆이 찢어지고 몸매가 그대로 드러나는 형태의 얇은 고무
의상으로 미래적이고 관능적인 모습을 보인 외계인 디바가 콘서트
에서 소름이 끼칠 정도로 멋지게 부른 도니제티의 오페라도 훌륭했
다. 오페라 〈람메르무어의 루치아〉에 나오는 광란의 아리아 '그대의
다정한 음성'은 18년이 지난 지금까지도 귓가에 맴돈다. 이 기괴하게
마력적인 모습의 외계 여인이 표출하는 감동의 아리아는 바로 과학
세상의 부정적인 이면을 성찰하고, 인간성 회복을 통해 유토피아로
나아가야 한다는 가르침을 전해주는 것이 아닐까 싶다.

영화 속
퍼스트레이디
패션

33
런던탑에서 참수된
엘리자베스 여왕의 생모

〈천일의 스캔들〉

르네상스 시대에 서유럽 국가들은 서로의 패션스타일에 많은 영향을 주고받았다. 이 시기 중 헨리 7세부터 엘리자베스 여왕 시기를 영국에서는 튜더시대(1485~1603)라고 불렀는데 그중에서 영국의 헨리 8세 의상은 곧바로 서유럽 패션의 핵심이 될 정도로 인기가 높았다.

특히 퍼프소매와 잔뜩 부풀린 어깨로 몸을 확장시킨 패션 스타일은 그의 사후에도 유럽 왕족과 귀족들 사이에서 크게 유행했다. 즉, 바지는 호스라는 이름의 몸에 딱 붙는 스타일이고, 상의도 역시 짧고 꽉 끼는 스타일을 입었다. 그 위에 어깨가 굉장히 넓은 코트를 걸쳐 네모난 실루엣을 형성했다. 상의의 몸판과 소매는 절개되어 갈라진 틈으로 과장된

퍼프소매로 잔뜩 부풀려진 넓은 어깨를 강조하고 화려한 모피를 걸쳐 르네상스 시대의 확장된 복식 형태를 보여주는 헨리 8세

퍼프소매가 보이도록 해서 화려함을 강조했고, 납작한 모자에는 깃털 장식을 달았다. 코트의 경우 지위가 높을수록 어깨를 더 넓게 만드는 경향도 짙었다.

이 같은 튜더 패션스타일을 잘 들여다볼 수 있는 영화가 저스틴 채드윅(Justin Chadwick) 감독의 작품 〈천일의 스캔들〉(2008)이다. 〈천일의 스캔들〉은 2001년에 쓰여진 필리파 그레고리(Philippa Gregory)의 동명 역사소설을 각색한 것이다. 영화의 원제는 '또 다른 볼린양(The Other Ann Boleyn Girl)'으로 헨리 8세(에릭 바나Eric Bana)를 사이에 두고 두 번째 부인 앤 볼린(나탈리 포트만Natalie Portman)과 자매인 메리 볼린(스칼렛 요한슨Scarlett Johansson)이 벌이는 애정 경쟁에 초점을 맞췄다. 특히 실제 역사에는 크게 부각되지 않았던 메리 볼린을 부각시키면서 앤 볼린과 메리 볼린의 캐릭터를 비교하며 영화의 스토리를 전개했다. 아카데미상에 여덟 번이나 후보로 지명되고, 세 번이나

아카데미 의상상을 수상한 샌디 포웰은 〈천일의 스캔들〉에서 16세기 튜더 왕조 시기를 완벽히 구현하고 헨리 8세를 두고 경쟁을 벌이는 두 자매 앤 볼린과 메리 볼린의 의상을 고풍스러우면서도 에로틱하게 선보였다.

샌디 포웰은 "시대 의상의 묘미는 고증에 맞는 우아한 의상이면서도 또 한편으로는 창조적인 모습으로 균형을 맞춰 제작하는 것이기에 시대를 똑같이 재현하는 것에만 너무 신경을 써서는 안 된다"고 주장한다. 그는 "누구도 역사적인 것의 실제 모습이 어땠는지는 알 수 없다. 더군다나 그 시대에 사용한 것과 똑같은 소재는 현재 거의 존재하지 않는다. 다만 정확한 리서치와 디자이너의 개성적인 해석이 필요하다"고 말했다. 그런 그가 이번 영화에서는 당대 궁정화가의 그림을 토대로 디자인을 했다.

헨리 8세의 초상화와 이를 고증한 영화 속 헨리 8세의 의상

헨리 8세가 살던 화이트 홀은 불에 타서 다시 복구됐기 때문에 1530년대의 오리지널 궁전에 대한 자료는 많지 않다. 포웰은 튜더 시

대의 색상을 제대로 고증하기 위해 '한스 홀바인(Hans Holbein, 1497~1543)'의 그림을 샅샅이 훑었다. 홀바인은 헨리 8세 시대의 유일한 궁중화가로 그의 그림에는 궁전의 모습과 여인들의 의상에 관한 디테일이 많았다. 그가 사용한 색상은 아주 특이했는데 그는 밝은 청록의 터키색과 강한 파랑, 짙은 녹색을 즐겨 사용했다. 이 같은 색상이 헨리 8세의 궁정과, 특히 앤 볼린의 의상에 크게 반영된 것

헨리 8세를 강심장으로 유혹하는 앤 볼린의 강하고도 화려한 초록색 드레스는 윗부분은 꼭 끼고 아래는 넓은 삼각형 실루엣이다.

이다. 영화에서는 'B'라는 알파벳이 새겨진 앤 볼린의 진주와 금 목걸이가 여러 번 등장하는데, 이것은 사실 홀바인의 그림에서 추출된 액세서리다.

튜더왕조 시대 의상은 르네상스 중기 의상 스타일에 해당한다. 앤과 메리의 의상도 그 시대의 스타일을 가능한 추종하여 따른 것이다. 가슴은 납작하고, 속치마인 파팅게일 위에 입은 스커트는 아주 넓어서 삼각형 실루엣을 형성했다. 깊게 팬 사각형의 목선 위에는 여러 개의 목걸이를 걸쳤다. 소맷부리는 나팔처럼 아랫부분을 크게 벌렸다.

의상디자이너는 두 여성의 캐릭터를 표현하기 위해 많은 고민을 해야 했다. 이 시대 드레스는 실루엣이나 형태가 다양하지 않았고, 영화에서 두 여주인공의 생활 스타일과 생활반경 또한 같았기 때문이다.

네모로 각진 네크라인과 머리쓰개, 아래로 갈수록 넓어지는 튜더시대의 의상을 입은
스칼렛 요한슨(왼쪽)과 나탈리 포트만(오른쪽)

그러나 포웰은 역시 세계 최고의 고전 의상 디자이너였다. 그는 옷의 실루엣과 형태가 갖는 한계를 색상과 음영 차이로 극복했다. 즉,

메리 볼린 역의 스칼렛 요한슨이 입은
붉은색 계열의 튜더시대 의상

착하고 따뜻한 이미지의 메리를 위해서는 가라앉은 느낌의 차분한 오렌지색과 붉은색 옷을 지었고, 야심에 찬 앤을 위해서는 파랑이나 녹색과 같은 차가운 색상으로 강하고 열정적인 성격을 부각시켰다.

실제로 앤은 세상에서 가장 강한 남성을 유혹해 영국 역사의 흐름을 바꾼 여걸이다. 결혼이 사랑보다 우위에 있다고 여겼으며, 더 높은 지위를 얻기 위해 죽음을 각

넓은 어깨로 높은 지위와 멋진 패션스타일을 뽐내는
당대의 패셔니스타 헨리 8세

오했다. 그러나 메리는 부드럽고 로맨틱한 성격에, 시대에 순응하는 여인이었다. 그런데 앤의 지위와 상황이 변화함에 따라 파란색으로 시작한 앤의 색상은 점차 초록색으로 변했고, 자신보다 먼저 헨리 8세의 사랑을 받았던 동생 메리의 자리를 꿰차면서는 노란색으로 바뀌었으며, 권좌의 마지막에 가서는 붉은 색상으로 변했다.

한편 역사는 순종적인 메리 대신 자기표현에 적극적인 앤을 선택했다. 앤은 헨리 8세와 결혼하는 데 성공했고, 훗날 영국의 황금시대를 연 엘리자베스 여왕의 생모가 된다. 그러나 30대의 나이에 반역혐의로 런던탑에서 참수되는 비운을 맞기도 했다.

34

옷 한 벌 갈아입는 데 여섯 시간 걸린
엘리자베스 여왕 의상

〈엘리자베스: 더 골든 에이지〉

박근혜 대통령은 영국의 엘리자베스 1세를 가장 닮고 싶은 여성 지도자라고 말했다. 그 여왕을 주인공으로 내세운 영화가 〈엘리자베스〉(1998)와 〈엘리자베스: 더 골든 에이지〉(2007)다.

두 영화는 모두 인도 출신의 세자르 카푸르(Shekhar Kapur) 감독에 의해 제작됐고, 9년의 격차에도 불구하고 두 영화의 엘리자베스 역은 호주 출신의 케이트 블란쳇(Cate Blanchett)이 맡았다.

엘리자베스 여왕의 초상화

〈엘리자베스: 더 골든 에이지〉의 스토리는 엘리자베스가 권좌에 오른 지 30년 후인 1585년이 배경이다. 이제 엘리자베스는 힘 있고 신념에 찬 군주가 되었다. 당시 최강국이던 스페인과의 전쟁, 권력 다툼, 신교도와 구교도의 대립이 극한에 이른 종교적 반목, 그리고 한 남자를 사랑하는 여성으로서의 여왕이 흥미롭게 묘사됐다.

르네상스 패션은 예술성이 뛰어나며 중세에서는 볼 수 없었던 화려하고 사치스러운 패션이다. 르네상스 초기의 여성복은 하이웨이스

파팅게일

트 라인의 허리선이 유행했다가 후기 엘리자베스 여왕 시기에는 허리선이 V자 모양으로 변화했다. 튜더 왕조의 영향을 받아 네모 형태로 깊게 패였던 특징적 형태의 네크라인은 점점 높게 올라갔고, 나중에는 그 유명한 러프 칼라로 장식됐다. 르네상스 시대의 가장 큰 특징은 치마를 넓게 받치는 속치마인 '파팅게일(farthingale)'이다. 코르셋은 몸에 붙을

호전미를 드러내는 황금색 의상을 입은 엘리자베스

정도로 빡빡하고 파팅게일 위에 입은 스커트는 아주 넓어서 삼각형
실루엣을 형성했다. 르네상스 중기에 유행한, 아래로 갈수록 넓어지
는 깔때기 형태의 소매는 엘리자베스 여왕 시기로 넘어오며 소매 위
에 주름이 많고 팔 부분이 붙는 '레그 오브 머튼(leg of mutton)' 소매로
변화했다. 주얼리는 부와 사치를 나타내는 중요한 요소로 작용하여
보석, 진주, 금, 은 레이스 등이 액세서리나 의상의 부품으로 많이 사
용됐다.

영화에서 관객을 황홀하게 압도하는, 화려하고 정교한 수십 벌의
엘리자베스 여왕 의상은 르네상스 말기의 의상에 속한다. 엘리자베
스 여왕은 누구보다도 옷을 사랑했던 여성이다. 그는 죽을 때 3,000
벌 이상의 드레스와 머리 장식품을 남겼다고 한다. 그는 아름다운 여
성은 아니었지만 그의 스타일은 모든 이의 흠모의 대상이었다. 심지
어 남성들까지도 키가 작고 몸매도 아주 왜소한 엘리자베스 여왕의
체격처럼 보이려고 코르셋을 착용해서 납작하고 좁은 몸매를 만들

정도였다. 이뿐만이 아니다. 당시 귀족부인들은 이마가 유난히 넓은 여왕의 모습을 모방하기 위해 일부러 이마의 머리카락을 뽑았다는 설도 전해진다.

사람들은 엘리자베스 여왕의 화장법까지도 따라했다. 엘리자베스는 창백한 메이크업을 했다. 어렸을 때 앓았던 천연두 자국을 가리기 위해서 석고 같은 색상의 메이크업을 했던 것인데, 여왕의 화장법 때문에 창백한 얼굴이 당시 부와 미의 상징이 됐다. 여왕은 창백한 메이크업을 위해 납과 식초를 사용했다. 이것들은 굉장히 유독해 피부에 해를 끼친다. 실제로 엘리자베스 여왕은 납 중독으로 사망했다고 전해진다. 이렇듯 당대의 진정한 패션 아이콘이었던 엘리자베스 여왕은 확장된 복식 형태를 통해 권위와 위엄을 드러내고 숭고함을 보여주어 사람들에게 존경심과 경외심을 유발했다.

영화에서 의상감독을 맡은 이는 알렉산드리아 번(Alexandra Byrne)이다. 그는 고증이 가장 중시되는 고전극에서, 고증에 매몰되지 않고 오히려 이를 뛰어넘어 당대 정신을 표현했다는 평가를 받았다. 그가 디자인한 여왕의 의상은 잠시도 눈을 떼기 힘들 정도로 다양한 메시지를 담는 데 성공했다.

여왕의 의상은 전편인 〈엘리자베스〉와는 급진적으로 달라졌다. 전편이 역사적 정확성에 초점을 맞춘 데 비해 이번 여왕의 콘셉트는 여성성을 부각했기 때문이다. 심지어 전투복을

비치는 옅은 블루 색상은 여왕의 여성성을 강조했다.

입었을 때조차도 여성스럽게 보이도록 했다.

알렉산드라 번은 시대의 이미지는 물론이고 비비안 웨스트우드나 발렌시아가(Balenciaga) 같은 현대 디자이너의 이미지도 두루 살펴보았다. 특히 여왕의 초상화에서 시대 이미지의 영감을 받았고, 궁정을 방문한 손님들이 그의 화려한 의상을 보고 느낀 점을 쓴 것도 참고했다. 일반적인 영화의상 디자이너와 다르게 번은 의상 스케치를 하지 않고 이미지들을 모은 후 의상의 옷감 조각을 나열해 이미지 보드를 만들었다. 그러고는 자신의 감각에 따랐다. 사실 여왕의 의상은 영화 그 자체라고 해도 과언이 아니었다. 옷의 모양과 액세서리는 하나의 메시지였다. 그런 만큼 케이트 블란쳇은 의상을 한 번 입고 분장을 하는 데 여섯 시간 가까이 소요될 정도로 정성을 다했다.

번은 군주의 패션을 풍부한 소재와 활기 넘치는 컬러풀한 색상, 눈을 즐겁게 하는 실루엣으로 창조하여 관객의 눈을 홀렸다. 이런 의상은 케이트 블란쳇의 창백한 안색과 밝은 머리 색상에 완벽하게 어울렸다.

여왕의 스커트 폭은 여왕의 권세 영역을 의미했다. 스커트는 너무 넓어서 물리적으로 여왕 옆에 다가갈 수 없도록 제작됐다. 전편에서는 납작하고 딱딱한 코르셋을 사용했지만 이번 영화에서는 부드러운 여성적인 몸으로

강력한 카리스마를 나타내는 붉은색 로브

두려움을 극복하고 평화를 다짐하는 보라색 의상

표현했다. 권위를 드러내고 싶을 때에는 V자형 머리장식과 거대한 수레바퀴 형태의 러프 옷깃을 선보였고, 강력한 카리스마를 나타내고 싶을 때에는 붉은색 로브로 치장했다. 또 월터 라일리(클라이브 오웬Clive Owen)를 사랑하는 마음을 드러낼 때에는 가슴 윗부분이 많이 노출된 의상을 착용했다. 전쟁에서 승리했을 때는 성모 마리아 같은 종교적 아이콘으로 형상화시켰다.

번은 여왕의 정치 상황을 색상 이미지로 표현했다. 여왕의 권위적 의상, 여성적인 의상, 호전적인 갑옷 의상, 신성한 이미지의 의상은 각각의 색채 이미지에 따라 황금색, 흰색, 파란색, 붉은색, 보라색으로 나누어 선보였다.

이 영화에서는 블루 색상의 의미가 특별하다. 전편과는 스토리가 달랐기 때문에 궁정 안에서는 더 급진적으로 보이게 하는 색상을 선택했는데 이 색상이 블루였다. 사실 블루 색상이 영국이나 왕족을 의미하는 색상이 아니었기 때문에 번의 선택은 도전일 수밖에 없었다.

월터 라일리가 커다란 대양과 신세계를 설명할 때 엘리자베스는 바다와 평온함과 영원을 의미하는 블루 색상의 의상을 입었다. 권위와 카리스마를 나타내고 싶을 때에는 어김없이 붉은색 옷을 입고 등장했고, 황금색은 호전미를 드러낼 때, 흰색은 여왕을 신성화시킬 때 활용됐다. 또 두려움을 극복하고 평화를 가져오는 의미인 보라색 의상은 변화의 조짐을 나타낼 때 입었다.

영화가 제시한 지도자 상은 타인에게 관대하되 자신에게는 누구보다 엄격한 군주의 마음이었다. 이는 영국 사립학교에서 지도자를 육성할 때 지침이 되고 있는 노블레스 오블리주와도 일맥상통한다. 엘리자베스 1세는 위기에 대처하는 지도자의 위엄을 가진 여성이었다. 그런 그를 닮고 싶어 하는 박 대통령의 마음 역시 충분히 이해된다. 박 대통령의 '패션 정치'가 더 주목되는 이유이기도 하다.

35
여성성이 극대화된
최고 통치자의 패션
〈영 빅토리아〉

대관식 의상. 평상시의 꽃장식 대신
화려한 보석으로 장식한 모자를 착용하였다.

　이른바 공주 스타일로 알려진 빅토리아 패션은 종종 세계적인 패
션쇼의 핵심 콘셉트로 주목받는다. 미국 뉴욕의 디자이너 마크 제이
콥스(Marc Jacobs)는 2014년 봄/여름 패션쇼에서 영국 빅토리아 시대

의 화려한 군복에서 영감을 받아 자수 장식에 매듭 단추로 포인트를 준 스타일을 통해 런웨이를 달궜다. 알렉산더 맥퀸(Alexander McQueen)의 2012 가을 간절기 패션쇼에서는 사라 버튼(Sarah Burton)이 알렉산더 맥퀸의 유산을 물려받아 빅토리아 시대의 화려하고 우아한 느낌을 재현하기도 했다.

빅토리아 여왕의 초상화

유럽사에 있어서 19세기는 영국의 시대라고 해도 과언이 아니다. 당시 영국은 '해가 지지 않는 나라'라고 불렸다. 영국 역사상 최고의 전성기를 누린 빅토리아 여왕은 1837에서 1901년까지, 무려 64년 동안 영국을 통치했다. 빅토리아 여왕이 통치하던 시대는 유럽 전체에 막강한 영향을 끼쳤고, 패션도 또한 예외가 아니었는데 이 시대의 패션을 '빅토리아 패션'이라고 한다.

장 마크 발레 감독의 2009년 영화 〈영 빅토리아〉는 1837년, 18세로 즉위한 영국 여왕 빅토리아(에밀리 블런트Emily Blunt)가 외사촌이었던 남편 앨버트(루퍼트 프렌드Rupert Friend)를 만나는 과정과 정치적으로 성장하는 젊은 시절에 초점을 맞췄다. 영화 속 패션은 혁명

후 직선적 스타일에서 벗어나 18세기를 회고하는 것처럼 화려하게 포장됐다. 의상은 낭만주의 시대의 로맨틱한 스타일이 주를 이루고 있는데, 크리놀린도 부분적으로 등장한다. 거대한 사이즈의 스커트를 지지해주기 위한, 크리놀린이라고 불리는 뼈대는 부유하고 지위가 높을수록 사이즈가 커졌다.

당시 유행의 정점은 코르셋과 크리놀린이었다. 이 시기는 코르셋과 크리놀린 등 다양한 보정기구를 통해 여성의 신체를 더욱 아름답게 하여 S라인이 강조된 시기였다. 빅토리아

빅토리아 시대 코르셋과 코르셋을 입은 몸통 모습

시대 여성들은 S라인에 대한 열망과 유행에 뒤처질까 하는 두려움에 코르셋으로 자신의 몸뚱아리를 최대한 꽉 조여 숨을 잘 쉴 수가 없었다. 밤에 코르셋을 벗으면 코르셋에 피가 묻어 있는 것을 당연하게 여겼고, 잘못된 호흡으로 갈비뼈에 무리가 가기도 했다. 심지어 1903년에는 코르셋으로 인한 사망사고가 발생하기도 했다.

〈셰익스피어 인 러브〉와 〈에비에이터〉로 아카데미 수상 트로피를 안은 샌디 포웰이 담당한 의상은 2010년 제63회 영국 아카데미 의상상과 제82회 아카데미 의상상을 동시에 차지할 정도로 화려하다.

초상화를 통해 우리에게 익숙해진 빅토리아 여왕의 의상은 남편 앨버트 공이 죽은 뒤 40년 동안 그의 죽음을 애도하며 입었던 칙칙한 검은색 의상이다. 하지만 영화는 공주 시절과 재임 초기를 다룬 만큼 화려하게 채색됐다.

포웰은 런던에서 대부분의 의상 리서치를 했다. 우선 켄싱턴 궁에서 빅토리아 여왕이 입었던 대관식 드레스와 결혼식 드레스, 그리고 남편 앨버트 공이 죽을 때 입은 상복을 꼼꼼하게 조사했다. 또 궁중 초상화들과 빅토리아의 의상이 디테일하게 묘사되어 있는 저널들을 참고했다. 의상을 디자인하는 데 한 가지 특이했던 것은 빅토리아 여왕이 쓴 일기를 참고한 점이다. 여기서 흥미로운 점은 여왕의 키가 생각보다 크지 않았다는 사실이다. 의상을 통해 유추한 바로는 150cm에도 미치지 못했다. 드레스도 아동복 사이즈였다고 한다.

포웰은 여왕이 되기 전과 후의 의상을 대비시켰다. 즉위하기 전 의상은 꽃 장식이 많은 파티 드레스로 앳된 모습을 강조했다. 인형 옷에서도 영감을 받아 예쁘고 사랑스럽게 디자인했다.

왕위를 이어받은 뒤에는 어두운 색상과 몸에 달라붙는 드레스로 극적인 전환을 갖는다. 빅토리아 시대에는 화려하게 장식된 보닛형의 모자가 유행했는데, 빅토리아는 영화에서 중간 크기의 챙이 있는 보닛 스타일의 리본장식 모자를 즐겨 착용했다. 의상과 모자는 밝은 톤을 탈피하여 보라와 청록 등의 어두운 색조를 주로 사용했고, 코르셋은 이전보다 더 심하게 몸통을 죄였으고 소매는 슬림해져 S라인이 더욱 강조됐다.

빅토리아 여왕이 입은 웨딩드레스는 웨딩드레스 역사에 중요한 전환점이 되었다. 1840년 빅토리아 여왕이 앨버트 공과의 결혼식에서 왕실 전통의 은빛 드레스 대신 흰색 드레스를 입으면서 오늘날 흰색 웨딩드레스의 시초가 됐기 때문이다. 빅토리아 여왕이 입었던 순백의 웨딩드레스 때문에 이후 흰색이 웨딩드레스의 상징으로 자리 잡게 됐다.

코르셋으로 허리를 조이고 드롭 퍼프슬리브가 달린 노랑 드레스를 입고
꽃으로 머리를 장식한 공주 시절의 빅토리아

드롭 퍼프슬리브와 코르셋바디스, 꽃장식
이 돋보이는 모습(왼쪽)과 즐겨 착용하는
보닛에는 청녹색의 리본으로 장식하고 보
라 색상의 드레스를 입은 여왕 시절의 빅
토리아 의상(아래)

빅토리아 여왕과 앨버트공의 결혼식 장면. 이후 흰색은 웨딩드레스 색상의 상징이 되었다.

극중 남성들의 복장은 최근 유행처럼 몸에 붙는 슬림 스타일이라 여성들의 의상보다 눈길을 끈다. 빅토리아 시대 남성의 기본 복장은 재킷, 조끼, 바지다. 바지 형태는 부리가 좁은 것이 선호되어 호리호리한 실루엣을 형성했다. 재킷의 앞은 바지의 앞가랑이가 보이고 뒤는 연미복 스타일이며 여성처럼 퍼프 소매가 유행했다.

자신이 디자인한 앨버트의 의상 중 포웰이 가장 손꼽는 의상은 앨버트가 켄싱턴 궁에 빅토리아를 처음 방문하러 갔을 때 입은, 타이트한 바지에 경마부츠를 신은 모습이다. 이 의상에는 당대의 특징이 고스란히 나타나 있다.

36
파워 드레싱의 대모,
대처 수상

〈철의 여인〉

영국에서 초대수상부터 현재까지 280년 동안 배출된 56명의 수상 가운데 이름 뒤에 '주의(-ism)'가 붙는 총리는 마거릿 대처(Margaret Thatcher, 1925~2013)가 유일하다. 흔히 그의 통치 철학을 '대처리즘'이

라고 부른다. 영화 〈철의 여인〉(2012)은 총리직을 세 차례 역임하면서, 물러서지 않는 리더십으로 '철의 여인'이라 불린 대처의 삶과 정치 여정을 보여주고 있다. 여성 감독인 필리다 로이드(Phyllida Lloyd)가 메가폰을 잡아 여성의 섬세한 시각으로 스크린을 짰다.

그의 역할을 맡은 메릴 스트립(Meryl Streep)은 영화 〈철의 여인〉을 통해 2012년 골든글로브, 영국아카데미, 미국 아카데미상을 연거푸 수상했고 2011년 『타임』지가 뽑은 '올해 최고의 영화배우'가 됐다. 메릴 스트립은 마가렛 대처 역을 연기하는 데 있어 가장 중요한 포인트로 목소리와 패션을 꼽았다.

대처는 화려한 정치이력만큼이나 패션아이콘으로서도 영향력을 보여 많은 이들의 롤모델이 되었다. 강력한 카리스마로 사회와 경제 개혁을 이끈 대처는 파워 드레싱(위엄이나 지성, 힘을 느끼게 하는 옷차림)을 처음 실천한 여성이기도 하다. 대처는 공식 석상에서 이런 분위기를 드러내는 정장을 즐겨 입었다. 젊은 시절부터 노년에 이르기까지 그의 사진을 보면 여성성을 상징하는 진주 목걸이와 귀걸이가 빠지지 않는다. 진주 목걸이 외에 그를 상징하는 주요 패션 아이템은 파랑 계열의 치마 정장, 리본이 달린 실크 블라우스, 사각형 검정 가죽가방 등이다. 대처는 진주 목걸이, 실크 블라우스와 핸드백으로 강력한 여성 정치인의 이미지를 더욱 견고히 했다. 특히 본인의 카리스마를 발산하는 무기로 사용된 것은 사각형 핸드백이다. 이 사각형 핸드백은 '자기주장을 강하게 내세운다'라는 뜻의 '핸드배깅(Handbagging)'이라는 신조어를 탄생시켰다. 진주 목걸이와 파워 슈트, 비밀병기 핸드백, 부푼 머리 스타일은 그의 전형적인 스타일로 자리 잡아 풍자 만화가들의 단골 메뉴가 되기도 했다. 그런데 사실, 파워풀한 면모를 부각시켜주는 철의 여인

무늬 있는 리본 블라우스와 로얄블루 색상의 재킷을 입고 진주귀걸이와 진주목걸이를 한 철의 여인.(왼쪽) 이미지 어드바이저에게 지적받은 초기의 헤어스타일과 모자모양이다. 역시 블루재킷과 리본블라우스와 진주목걸이를 하고 있다.(오른쪽)

스타일은 대처가 아니라 그의 이미지 컨설턴트들에 의해 만들어진 결과다.

괴테(Johann Wolfgang von Goethe, 1749~1832)가 그의 저서 『색채론』 에서 색이 생리적·물리적·화학적 특성 외에 감성과 도덕성·상징 성을 지닌다고 주장했던 것처럼 색, 특히 옷의 색상은 메시지를 갖고 있다. 영국에서 파란색은 보수당을 상징한다. 파란색의 역사는 길지 않다. 고대 그리스는 물론 10세기까지 유럽엔 청색이 없었다. 어둡고 불길하다고 여겨진 탓이다. 푸른색이 주목받기 시작한 것은 12세기 들어 교회 스테인드글라스에 등장하면서부터이다. 파란색은 16~17 세기엔 부의 상징이 되었고, 꿈·명예·희망을 전달한다는 이유로 지 금은 지구촌 인구의 40%가 파란색을 가장 좋아한다고 한다.

대처의 파란색 사랑은 유별났다. 대처는 강인한 느낌을 자아내는 푸른 투피스 정장을 자주 입었다. 영화 속 대처의 고집스러운 파란색 사랑은 뼛속부터 보수주의자인 그의 신념을 잘 드러내는 도구다. 교 육부장관으로서 의회 연설을 할 때에도, 보수당 당수 선거에 나설 때

보수당 당수로서 총리공관에 드러설 때의 마가렛 대처의 실제 모습.(왼쪽)
이때 입은 의상이 파워슈트의 대명사로 불린다.

에도 그는 파란색 슈트를 입었다. 노년이 된 후에도 그의 옷장은 온통 파란색이다.

그가 1979년 보수당 당수로 총리공관에 들어설 때의 복장인 청색 재킷과 주름치마는 파워 슈트의 대명사가 됐다. 영화도 이 전설적인 파워 슈트를 그대로 재현했다. 이런 상징성을 극대화시키기 위해 2012년 1월 런던에서 열린 영화 〈철의 여인〉 시사회장에서는 '레드카펫'을 저버리고 '블루 카펫'을 깔기도 했다.

영화는 대처의 정치적인 성장과 더불어 옷의 파란색 톤이 미묘하게 변하는 모습을 보여준다. 푸른색은 정치적 성장과 함께 점점 더 짙어졌다. 젊은 대처의 옷은 옅은 파랑이었지만 시간이 흐르면서 짙은 파란색으로 변했다. 보수당 당수가 됐을 때에는 로열 블루 색상이 됐다.

그런데 어느 순간 대처의 옷은 붉은빛을 띠기 시작했다. 블루 색상으로 일관하던 그의 색상에 갑자기 붉은 계열 옷이 나오자 관객들은

상황이 잘못되고 있음을 감지
했다. 당에서 신임을 잃으면서
푸른색은 붉은 계열의 줄무늬
슈트로 바뀌고, 1990년 총리
에서 물러날 때는 단색의 붉은
정장 슈트를 입었다.

〈철의 여인〉 의상디자인을
맡은 콘솔라타 보일(Consolata
Boyle)은 영화의상을 '비밀스러
운 언어'라고 말한다. 그는 캐
릭터의 모든 감정선이 의상을
통해서 나타나야 하지만 동시
에 영화의상은 신비함을 내포
해야 한다고 말한다. 영화의상

총리직에서 물러날 때 단색의
붉은 정장 슈트를 입었다.

은 힘이 있지만 산만해서는 안 되며 의상이 제아무리 아름다워도 영
화에 녹아들지 못하면 안 된다는 것이 그의 철학이기도 하다.

2006년 영화 〈더 퀸〉에서도 엘리자베스 2세의 의상을 맡아 극찬
을 받은 바 있는 보일이지만 그런 그에게도 〈철의 여인〉 의상디자인
은 도전이었다. 20세기의 논쟁의 중심에 서 있는 정치 아이콘이면서
업적과 외모가 미디어를 통해서 가장 잘 알려져 있는 철의 여인의 힘
있는 의상을 디자인해야 했기 때문이다.

그는 대처의 미디어 사진과 실제 의상을 면밀히 살펴보면서 내면
까지 표현하는 터치를 끝없이 연구했다고 전한다. 특히 대처의 의상
을 담당했던 영국 디자이너 브랜드 아쿠아스큐텀(Aquascutum, 버버리
와 함께 영국을 대표하는 럭셔리 브랜드)과 진 뮤어(Jean Muir, 엘레강스 이미

지를 지향하는 클래식한 감성의 영국 패션디자이너 브랜드)에 보관되어 있는 대처의 의상 패턴을 샅샅이 연구했다.

절정의 대처 패션. 로얄블루 재킷의 라펠 가장자리와 옷의 솔기에 흰 파이핑을 둘러 파워를 더했다. 블라우스와 진주목걸이, 귀걸이도 빠지지 않는다.

영국 최초의 여성 총리로서 그가 선보인 파워 슈트는 다른 여성 정치인들에게도 큰 영향을 미쳤다. 매들린 올브라이트(Madeleine Albright) 전 미국무장관은 외교적 의미가 담긴 브로치, 콘돌리자 라이스(Condoleezza Rice) 전 미국무장관은 섹시한 힐, 힐러리 클린턴(Hillary Rodham Clinton) 전 장관은 검정 슈트와 셔츠 스타일, 앙겔라 메르켈(Angela Merkel) 독일 총리는 3~5개의 버튼이 달린 재킷과 팬츠로 각각 파워 드레싱 전략을 선보였다.

대처 전 영국 총리를 롤 모델로 삼고 있는 박근혜 대통령도 다르지 않다. 공식 취임 초기에는 최초 여성 대통령인 박근혜 대통령의 패션이나 의상에 대한 언론과 국민의 관심도가 유난히 높은 경향을 보였다. 박 대통령은 정치와 외교에 색상을 적극적으로 활용했고, 브로치로 포인트를 주어 성공적인 지도자 패션스타일을 보여주었다는 평가를 받고 있다.

그러나 패션 전공자의 시각에서 볼 때, 항상 같은 기장과 실루엣을 가진 재킷 스타일이 다소 지루하고 갑갑하다. 한결같은 재킷 모양에서 불통의 이미지를 느끼는 사람은 필자뿐일까? 이미지 정치 시대다. '소통하는 리더십'을 보여주기 위해서라도 박 대통령이 재킷 길이와 형태를 좀 더 다양화했으면 하는 바람이 크다.

고증과 현대적 해석이
교묘하게 믹스된
영화 속 의상

37

2012년 『타임』지가 뽑은
최고 경지의 코스튬 드라마

〈안나 카레니나〉

안나 카레니나의 팜므파탈 분위기를 자아낸
무도회장의 흑옥색 드레스

2013년 3월 국내 개봉된 조 라이트 감독의 영화 〈안나 카레니나〉는 코스튬 드라마의 최고봉이었다. 영화는 2012년 미국에서 개봉된 뒤 시사주간지『타임』에서 선정한 '올해 최고의 영화'로도 뽑혔다.

〈안나 카레니나〉는 세계적 대 문호 톨스토이(Leo Tolstoy, 1828~1910)의 3대 명작 소설로서 뜨겁게 사랑하고 철저하게 파멸에 이른 안나 카레니나의 치명적인 스토리를 현대적 감각으로 스크린에 옮긴 영화다.

영화의 시대적 배경은 '빛의 제국'이라고 불릴 만큼 역사상 가장 화려했던 1870년대의 러시아다. 영화 〈오만과 편견〉, 〈어톤먼트〉를 통해 여주인공의 섬세하고도 농축된 감성을 표현해 낸 바 있는 조 라이트(Joe Wright) 감독은 1870년대 러시아 극장 배경의 대규모 세트를 통한 천재

무도회장에서 검은 드레스를 입은 안나와 흰 장교복을 입은 연인 브론스키. 이 장면은 영화에서 가장 아름답고 관능적인 장면이라는 평가를 받았다.

적 연극식 구성으로 '영화와 연극의 콜라보레이션'이라는 새로운 시도를 가능케 하며 〈안나 카레니나〉를 환상적인 영상과 다양한 볼거리로 이끌었다.

『안나 카레니나』는 지금까지 10차례 이상 영화나 TV 드라마로 제작됐고, 그때마다 큰 화제를 낳았다. 특히 카레니나 역을 두고 늘 세간의 관심이 쏠렸는데, 이번에는 영국 배우인 키이라 나이틀리(Keira Knightley)가 종전의 카레니나(그레타 가르보, 비비안 리, 소피 마르소)와

완전히 다른, 도발적이며 관능적인 매력으로 주목받았다.

이 영화는 조 라이트 감독과 의상감독을 맡은 재클린 듀런, 여주인공 역의 키이라 나이틀리가 호흡을 맞춘 세 번째 영화가 됐다. 러시아 상류사회 의상을 현대적 감각에 맞춰 극명하게 표현한 재클린 듀런은 2013년 아카데미상 수상식에서 〈레미제라블〉과 같은 대형 경쟁 작품을 모두 제치고 의상상을 거머쥐었다. 그는 심사위원들로부터 '출연진의 섬세한 감정선을 포함하여 영화가 표현할 수 있는 시각적 아름다움과 화려함의 극치를 보여준 작품'으로 인정받았다.

빅토리아 시기는 1837년부터 1901년까지 영국의 빅토리아 여왕이

의상을 받쳐주는 속옷 버슬을 착용하고 있는 속옷 차림의 안나

통치한 시대를 말하지만 이 시대의 복식은 유럽 전체에 영향을 끼쳤다. 당시 복식 사조는 의복의 뒷부분인 엉덩이 부분을 불룩하게 부풀리기 위하여 만들어진 허리받이, 즉 '버슬'을 착용하여 스커트를 부풀려 여성성을 강조하였고, 이 버슬 스타일이 유행했던 시기를 버

슬 시기(1870~1890)라 한다. 재클린 듀런은 버슬드레스 스타일을 현대적 이브닝드레스와 접목시켜 카레니나의 팜므파탈 이미지를 극명하게 표출했다는 평가를 받았다.

영화는 1870년대 러시아를 배경으로 했음에도, 카레니나의 모든 의상에 대해서는 당대의 실루엣만 유지한 채 1950년대풍을 따랐다. 의상의 세련미를 중시하는 조 라이트 감독이 1870년대의 정확한 스타일을 그대로 표현하기보다는 세련된 현대적 스타일을 적절히 가미

붉은 새틴드레스와 화려한 주얼리를 한 사교계의 꽃 안나(왼쪽)
샤넬이 협찬한 200만 달러의 스파클링 다이아몬드를 착용한 무도회의 안나(오른쪽)

해야 한다고 재클린 듀런에게 주문했기 때문이다. 그래서 1870년대 스타일에 1950년대의 현대적 단순미가 더해졌다. 1950년대 스타일은 몸판이 딱 맞고 스커트가 퍼지는 형태였으므로 비슷한 두 스타일을 대입하기가 쉬웠다.

재클린 듀런은 극중 카레니나가 프랑스 옷을 입은 러시아 귀족으로 설정되어 있고 그의 이미지가 매우 고급스럽기 때문에, 1950년대 디자이너 중에서 프랑스 패션의 대가 발렌시아가와 크리스찬 디올의 작품들을 참고해 의상 콘셉트를 잡았다. 영화 속 카레니나의 실크 회색 재킷을 비롯해 티룸에서 입은 크림색 드레스, 영화의 클라이맥스 부분에서의 붉은색 드레스, 경마장에서의 푸른 드레스 등에서 이런 분위기가 잘 나타난다.

그중에도 영화 속 카레니나의 의상 콘셉트를 가장 대표적으로 표현하는 것은 옥색을 띤 검정 드레스다. 이 드레스는 할리우드 영화 의상 중 가장 아름답다고 선정된 〈어톤먼트〉의 그린 드레스처럼 영화의 이야기를 끌고 나가는 중심 역할을 했다. 비대칭 여밈을 가진

가장자리에 털 장식이 달린 코트는 영화 방영 후 패션 브랜드 바나나 리퍼블릭에서 이를 본 떠 인기리에 판매했다.

1950년대 스타일의 상의에, 스커트를 아래로 길게 늘어뜨려 우아함을 돋보이게 한 1870년대 스타일의 하의는 서로 완벽한 조화를 이뤘다. 안나 카레니나의 블랙드레스는 비슷비슷하게 파스텔 색상 의상을 입은 주위 26명의 여자들 속에 섞여 더 강렬하고 극적인 이미지를 뿜어냈다. 또한 당시 러시아의 상트페테르부르크에 사는 상류사회 여성들은 비싼 털로 의복의 가장자리를 장식하는 것을 즐겼는데 카레니나의 의상도 이 스타일을 따라 빈티지 털을 사용해 의복을 화려하게 치장했다.

러시아 귀족사회의 화려한 영상은 그냥 만들어진 것이 아니다. 제작진은 이를 위해 샤넬, 디올, 톰 포드 등 세계 최고의 명품 브랜드를 총동원했다. 샤넬은 샤넬의 뮤즈이기도 한 키이라 나이틀리를 위해 이 영화에서 가장 아름답고 관능적인 장면으로 부각되는 무도회 장면에서, 브랜드의 상징적 모티브인 '카멜리아' 디자인의 주얼리를 협찬하여 카레니나의 치명적인 관능을 드러내는 데 크게 도움을 주었다. 이 주얼리는 200만 달러 상당의 스파클링 다이아몬드로 제작되었다.

카레니나가 파티와 오페라 장면에서 착용하였으며 런던의 모자 디자이너 숀 바렛(sean barrett)이 제작한 모자와 머리장식도 카레니나의 모습을 돋보이게 한 중요한 요소다. 그중에서도 그가 머리에 쓴 베일은 치명적인 매력을 발산했다.

안나가 파티와 오페라 장면에서 착용했던 모자(왼쪽)와 머리에 쓴 베일(오른쪽)

　2012년 영화 방영 후 듀런은 미국의 중저가 브랜드 '바나나 리퍼 블릭(Banana Republic, 1978년에 세운 미국의 옷가게 체인점. 전 세계 450개의 체인이 있다)'과 손을 잡고 키이라 나이틀리가 영화에서 선보인 50년 대 디올의 뉴 룩(new look) 스타일이 가미된 의상 스타일로 '안나 카 레니나 라인'을 만들었다. 의상은 39달러부터 280달러의 범위의 가 격으로, 주얼리나 핸드백 등 액세서리는 29달러에서 250달러 사이의 가격을 책정해서 판매했는데, 그중에서도 롱스커트와 가장자리에 털 장식이 달린 코트가 가장 인기를 끌었다.

38

18세기 해적 옷을 입은
로큰롤 스타

〈캐리비안의 해적: 낯선 조류〉

잭 스패로우 역의 조니 뎁이 로큰롤 스타로 보이는
18세기 해적의 모습을 하고 있다.

해적에서 영감을 받은 의상은 패션디자이너들의 단골 패션 콘셉트 중 하나다. 장 폴 고티에, 존 갈리아노, 비비안 웨스트우드, 벳시 존슨, 빅토리아 시크릿 등의 브랜드뿐만 아니라 파격적인 패션과 음악으로 화제를 모으며 글로벌 트렌드를 주도하는 팝스타 레이디 가가(Lady GaGa)도 2014년 호주 멜버른 공연에서 해적 패션을 선보였다.

이 끊임없는 인기 패션 콘셉트의 견인차 역할을 한 영화가 바로 2003년 〈블랙 펄의 저주〉로 시작된 월트 디즈니의 히트 시리즈 〈캐리비안의 해적〉이다. 이 시리즈 중에서도 4편 〈캐리비안의 해적: 낯선 조류〉(2011)는 캐릭터들의 특징을 적절하게 반영한 패션으로, 의상 디테일을 하나하나 살펴보는 재미가 크다.

낭만적인 해적 악당 모습의 조니 뎁과 페넬로페 크루즈는
18세기 해적에서 영감을 받은 듀엣 로큰롤 스타 같은 분위기를 준다.

이 영화는 월트 디즈니와 제작자 제리 브룩하이머(Jerry Bruckheimer), 롭 마샬(Rob Marshall) 감독, 주인공 조니 뎁이 환상적인 호흡을 맞췄다. 특히 제리 브룩하이머는 이미 오래전에 맥이 끊겼던 해적 장르를 놀라울 정도로 완성도 있게 만들어 〈캐리비안의 해적〉 시리즈를 대

18세기 로큰롤 스타로 보이는 조니 뎁(가운데)과 낭만적인 해적 악당 모습의 페넬로페 크루즈(왼쪽),
바이크 갱단 '헬스 엔젤스'에서 영감을 받은 의상의 검은수염 역 이완 멕쉐인(오른쪽)

중적이고 성공적인 시리즈로 만든 일등 공신이다. 여기에 베테랑 영
화의상 디자이너인 페니 로즈(Penny Rose)까지 합세했다.

해적들의 시대가 막을 내리기 직전을 배경으로 한 팀 파워스의 소
설 『낯선 조류』를 영화 〈알라딘〉과 〈슈렉〉의 시나리오를 맡았던 테
드 엘리엇(Ted Elliott)과 테리 로시오(Terry Rossio)가 시나리오로 각색
했다. 잭 스패로우(조니 뎁Johnny Depp)가 '젊음의 샘'을 찾아 모험을
떠나는 내용인 이 영화는 소설에 나오는 인물인 실존 해적 '검은 수
염'과 '젊음의 샘' 이야기에서 아이디어를 얻어 역사적 사실과 신화,
상상력을 절묘하게 결합시켰다.

이전 세 편의 영화들이 대부분 캐리비안에서 촬영된 반면, 이번 영
화는 아름다운 풍경을 담기 위해 태평양과 대서양을 오가는 대규모
로케이션 촬영과 3D 촬영으로 시각적인 환상이 전편보다 배가됐다.

이 영화는 볼거리가 많다. 그중 페니 로즈가 한 땀 한 땀 심혈을

조니 뎁은 허리에 새시를 묶고 버클이 달린 벨트 세 개를 허리와 어깨에 멋지게 코디했다.
벨트 끝에 단 초록색 반지는 조니 뎁이 1989년에 구매한 자신의 반지이다.

기울인 의상은 물론이고 헤어와 분장, 소품까지 환상의 시너지를 내며 리얼리티를 불어넣는 것이 압권이다. 그래서 잭 스패로우와 캡틴 블랙비어드, 안젤리카의 의상은 핼러윈을 비롯한 모든 코스튬 파티에서 어린이의 상상력에 환상을 더해주는 의상으로 손꼽힌다.

〈캐리비안의 해적〉 시리즈 외에 〈킹 아더〉, 〈에비타〉, 〈페르시아의 왕자〉 등에 참여했던 페니 로즈의 디자인 작업은 환상적이면서 디테일이 강한 것이 특징이다. 페니 로즈는 〈캐리비안의 해적: 낯선 조류〉의 주인공과 조연들뿐만 아니라 수백 명에 이르는 단역 배우들의 의상까지 일일이 손을 봐야 했다.

허풍만 떠는 사기꾼 같지만 도덕심과 냉철한 면도 보이는 복잡한 성격의 전설적인 해적 선장 잭 스패로우는 남다른 패션 센스와 엉뚱한 유머감각, 낙천정신으로 무장한 캐릭터다.

잭 스패로우의 〈캐리비안 해적〉 시리즈 의상 콘셉트는 '로큰롤 스타로 보이는 18세기 해적'이다. 이번 4편은 페니 로즈가 맡아왔던 전편의 의상 콘셉트를 그대로 유지하되 부분적으로 변화를 줬다. 잭 스패로우의 경우, 린넨과 실크 합성의 트위드 소재의 부풀어 오른 형태를 가진 코트와 린넨 셔츠를 입은 그의 모습은 일찌감치 정체성을 찾은 캐릭터이기 때문에 새로운 모습을 만들기 위해 많은 고민을 할 필요가 없었다.

그러나 4편 〈낯선 조류〉에서는 잭의 땋은 머리가 더욱 길어졌고, 금니에는 검은 진주가 박혔다. 또 흥미 있는 패션 포인트를 주기 위해 손목에는 조니 뎁이 직접 제안한 레이스를 묶었고 사슴의 정강이뼈를 사용하여 잭의 머리를 장식했다. 잭 스패로우가 기다랗게 묶은 새시는 터키 시골에 사는 소작농이 만든 것이라고 한다. 영화 한 편을 촬영하기 위해 50야드(1야드=0.9m)를 샀는데 4편에서 모자란 100야드를 보충하기 위해 제작진이 다시 터키에 갔다고 할 정도로 디테일에도 정성을 다했다.

어깨와 가슴을 많이 드러낸 섹시하고 쾌활한 안젤리카의 해적 의상

안젤리카 역의 페넬로페 크루즈(Penélope Cruz)는 낭만적이고 쾌활한 해적 악당의 모습으로 변신했다. 페넬로페 크루즈는 2014년 미국 남성잡지 『에스콰이어』가 조사한 '올해 현존하는 가장 섹시한 여자 스타' 조사에서 1위를 차지할 정도로 매력적인 배우다. 페니 로즈는 안젤리카에게 어깨와 가슴을 많이 드러낸 해적 의상을 입히고, 그 위에는 남자의 재킷을 잘라 여성용으로 만든 재킷을 걸치게

하였다. 또 허벅지까지 올라오는 부츠와, 페넬로페 크루즈를 위해 만든 깃털 모자로 캐릭터에 맵시를 더했다.

역사상 가장 어둡고 사악한 영혼을 가졌던 해적으로, 모든 선원들에게 두려움의 대상인 '검은 수염' 역은 이안 맥쉐인(Ian McShane)이 맡았다. 그는 페니 로즈가 바이크 갱단 '헬스 엔젤스(Hells Angels, 미국의 대표적인 오토바이 동호회. 이들은

검은 수염 역의 이안 맥쉐인

검정 가죽의 라이더 점퍼와 바지를 즐겨 입으며 헤드밴드와 선글라스 등의 액세서리를 갖추어 쓴다)'의 모습에서 아이디어를 얻어 만든 낡은 가죽옷을 입었다. 그리고 '검은 수염'의 상징인 아주 길게 꼬인 수염을 붙여 캐릭터를 무시무시하게 변신시켰다.

이번 시리즈에서 가장 큰 변화를 겪는 인물은 1편과 3편에 출연했던 헥터 바르보사이다. 잭 스패로우의 영원한 숙적이자 최고의 적수인 그는 4편에서 일반 해적 의상을 벗어 던지고, 우아한 18세기 해군 사령관의 유니폼을 입고 출연했다.

39

현대풍도 17세기풍도 아닌
68번째 삼총사 패션

〈삼총사 3D〉

추기경의 친위대와 싸우는 달타냥과 삼총사의 모습은
17세기가 아니라 현대적으로 재해석된 로커의 모습이다.

    1844년 발표된 알렉상드르 뒤마(Alexandre Dumas, 1824~1895)의 소
설『삼총사』는 프랑스 루이 13세 시대를 배경으로 주인공 달타냥과
3명의 호걸이 권세와 음모에 대항하는 종횡무진 활약상을 그렸다.
1903년 영화로 처음 제작된 이후 110여 년 동안 영화로 24차례, 만화
영화로 8차례, 소설의 속편 영화로 3차례, 그 후속편으로 5차례, 변

형된 내용의 영화로 3차례, TV영화로 10차례, 게임으로 4차례, 뮤지컬로 2차례, 만화로 3차례, 관련 영화로 6차례, 도합 68차례나 대중문화에 선보이며 끊이지 않는 인기를 과시했다.

여기서 소개할 것은 3D 영화로 제작된 〈삼총사 3D〉(2011)다. 3D인 만큼 미술 부문이 매우 화려하다. 영화는 원작 소설 속 배경을 담아내기 위해 17세기 바로크 양식이 그대로 살아 숨 쉬는 독일 뮌헨의 레지덴츠 궁전에서 촬영했고, 17세기 고전미와 현대미가 결합된 의상디자인, 시대를 뛰어넘는 최첨단 기술로 제작된 비행선 전투 장면 등으로 이채로운 화면을 담았다.

여기에 최강의 적인 추기경(크리스토프 왈츠Christoph Waltz), 버킹엄 공작(올랜도 블룸Orlando Bloom), 스파이 밀라디(밀라 요보비치Milla Jovovich), 그리고 이들에 맞서는 전설의 삼총사 아토스(매튜 맥퍼딘 Matthew Macfadyen), 프로토스(레이 스티븐슨Ray Stevenson), 아라미스(루크 에반스Luke Evans)와 달타냥(로건 레먼Logan Lerman)의 대결이 흥미롭다.

영화가 시대극일 경우, 통상 영화에서 의상의 비중이 70~80%를 차지한다. 그만큼 시대상을 드러내는 데 의상이 중요하다는 얘기다. 실제로 이 영화에서, 영화 〈향수〉에서 18세기 프랑스의 고풍적인 디자인에 묘한 매력을 더해 깊은 인상을 남겼던 프랑스 최고의 의상 디자이너 피에르 이브스 게이로드(Pierre-Yves Gayraud)는 폴 W. S. 앤더슨 감독과 수십 차례 의상에 관한 회의를 가졌다.

폴 감독은 처음에는 전통적인 것보다 로커 같은 현대풍의 의상을 선호했다. 특히 밀라디와 삼총사들의 의상에서 로커풍의 디자인이 도드라졌다. 그러나 그는 점점 역사적 자료에 심취하게 됐고, 게이로드의 의견을 적극적으로 받아들이게 됐다. 결과적으로는 현대풍도

삼총사와 달타냥, 흰색 린넨 셔츠 위에 가죽으로 된 달라붙는 더블릿을 입고
롱부츠를 신은 로커 같은 모습이다.

17세기풍도 아닌, 믹스된 의상스타일이 탄생했다.

17세기는 군왕이 주도하는 절대주의 시대였다. 보수적인 기독교
지배에서 막 벗어나 자유, 평등, 박애와 같은 개념이 중시됐던 시기였
다. 17세기 여성 의상은 섹시한 것과는 거리가 먼 무겁고 엄격한 분
위기였지만, 영화는 17세기의 고전미와 1950년대 크리스찬 디올의
현대적 디자인을 혼합했다. 특히 밀라디와 삼총사의 의상에 혼합이
심했다. 게이로드 의상감독은 3D임을 고려해서 다양한 색상을 사용
하고 텍스츄어와 의상의 볼륨을 염두에 두었다.

밀라 요보비치가 열연을 펼친 밀라디는 속내를 알 수 없는 교활함
을 지닌 미모의 스파이로, 코르셋과 풍성한 드레스를 입은 채 파워풀
한 액션을 펼치는 캐릭터다. 바로크 시대의 여성 패션은 창백한 얼굴
과 가슴, 그리고 깊게 팬 목선과 2~3개의 레이스 장식이 달린 스커트

를 겹쳐 입는 의상이 유행이었다. 바로크시대 스타일로 깊게 파진 네크라인을 가진 밀라디의 의상에는 현대적인 해석이 더해졌다. 즉, 코르셋의 볼륨을 대폭 키우고 허리선과 엉덩이선을 강조하기 위해 스커트의 윗부분을 엉덩이 아래까지 낮추어 1950년대 크리스찬 디올의 디자인 실루엣을 연출했으며 여기에 깊게 파진 바로크식 네크라인까지 더해 고전적이면서도 섹시한 아름다움을 의상에서 추구했다. 이 스타일은 바로 악역인 밀라디의 캐릭터를 극명하게 보여주는 것이기도 했다.

크리스찬 디올의 디자인 스타일을 더하여 현대적으로 섹시하게 해석된 밀라 요보비치의 화사한 모습

반면 17세기 남성복은 현대적인 스타일과 많이 부합했기 때문에 대부분 전통성을 따랐다. 이 시기의 남성복은 코트, 웨이스트 코트, 반바지 등 세 부문으로 구성됐다. 루이 13세 시대 남성 복식은 여성 복식을 모방하는 취향이 주도하던 시대다. 특히 루프와 태슬이 그랬다. 과도한 루프와 레이스 자수 장식의 남용은 남성 복장에 경박함을 주기도 했으나 화려함으로 의상을 돋보이게 했다. 세기말로 갈수록 남성복은 점점 더 여성복화되었고, 남성들은 머리를 기르고 얼굴

당대의 패셔니스타 버킹햄 공작. 폭이 넓은 린넨 블라우스와 화려한 더블릿, 긴 헝겊조각으로 부풀린 랭그라브(바지)를 입었다.

을 창백하게 화장했다. 대부분의 옷은 실크 리본으로 장식했다. 바지는 17세기에 들어와 네덜란드 실용주의의 영향을 받아 패드와 절개가 줄어들고 반바지의 형태가 됐다. 반바지의 일종인 랭그라브는 긴 헝겊 조각을 부풀려 호박 모양의 실루엣을 만들었고 여러 색깔의 리본 장식이 허리에 주렁주렁 달렸으며 바지 양옆에도 리본 다발이 무겁게 달렸다.

루이 13세가 패션에 집착하는 모습은 영화의 깨알 유머코드다. 실제로 루이 13세는 패션에 관심이 많은 인물이었고 버킹햄 공작은 17세기의 패션 아이콘이었으므로 감독은 영화에서 그들의 패션에 특히 신경을 썼다. 그들은 남자들 사이에 귀걸이를 하는 것이 마지막으로 유행했던 바로크 시대답게 귀걸이를 비롯한 각종 액세서리로 화려한 패션을 완성했다. 그런 만큼 그 둘의 패션이 영화에서 가장 근사했다.

영화에서 달타냥과 삼총사는 록스타를 연상하게 하는 스페인제

버킹햄 공작으로 분한 올랜도 블룸. 영화에서 이 옷을 보고 루이 13세가 몹시 질 투한다.(왼쪽) 패션에 집착하는 루이 13세 역의 프레디 폭스 의상은 화려함과 여 성성이 충만하다. 귀걸이가 돋보인다.(오른쪽)

가죽 의상으로 남성적 매력을 발산했다. 그들은 풍성한 흰색 린넨 셔 츠 위에 타이트한 소매, 패딩된 가죽 더블릿(14~17세기 남성이 입은 짧 고 꼭 끼는 상의), 롱부츠로 기사 스타일을 확립했다.

40

20세기 영국 축구팬 분장을 한
13세기 스코틀랜드인

〈브레이브 하트〉

민족 정체성은 대중문화와 관련이 깊다. 민족 정체성에 대한 영화
의 파급력은 대중문화 중에서도 으뜸에 속한다. 멜 깁슨이 감독하고
동시에 주연을 맡은 1995년 영화 〈브레이브 하트〉는 스코틀랜드인

의 정체성에 상당한 영향을 끼친 것으로 알려졌다.

　13, 14세기 스코틀랜드와 잉글랜드는 철천지원수였고, 스코틀랜드는 잉글랜드에게 쫓겨 북쪽으로 가서 나라를 세웠다. 잉글랜드의 침략과 지배에 시달린 스코틀랜드는 1314년 베넉번 전투의 승리를 계기로 그 후 200년간 완전한 독립을 이뤘다. 영화 〈브레이브 하트〉의 무대가 바로 이 무렵이다. 이 영화는 13세기 잉글랜드 왕의 착취와 억압에 맞서 싸운 스코틀랜드 민족 영웅, 윌리엄 월레스(멜 깁슨 Mel Gibson)의 실화를 담은 할리우드 시대극이다.

　스코틀랜드는 현재 잉글랜드 · 웨일스 · 북아일랜드와 함께 영국 (United Kingdom)이라는 국가를 구성하고 있다. 하지만 스코틀랜드와 잉글랜드는 민족도 종교도 다르다. 스코틀랜드는 켈트족, 잉글랜드는 앵글로색슨족이다. 또 스코틀랜드는 장로교를 믿고 잉글랜드는 성공회를 믿는다. 오랜 세월 동안 스코틀랜드는 영국 내에서 '정치 · 경제적으로 차별받고 있다'는 뿌리 깊은 피해의식을 지우지 못했다. 스코틀랜드 정치인들은 스코틀랜드 독립 투쟁사를 다룬 이 할리우드 영화를 잘 이용했고, 그 결과 1707년 '영국'이라는 이름으로 통합된 스코틀랜드는 2014년 9월 18일, 무려 307년 만에 영국으로부터 독립하겠는가에 대해 스코틀랜드 주민의 투표로 결정할 수 있는 기회를 갖게 되었다. 그런데 비록 경제적인 실리를 좇아 독립의 꿈은 무산됐지만 주민 투표를 통해 스코틀랜드는 독립에 버금가는 성취를 이루어 막대한 자치권을 회복하는 발판을 마련하였다.

　첫 번째 인터넷 영화로 기록되는 〈브레이브 하트〉는 1996년 제68회 아카데미상에서 베스트 픽쳐, 감독, 촬영, 특수효과, 분장 등 5개 상을 휩쓸었다. 찰스 노드(Charles Todd)가 의상감독을 맡은 의상디자인은 같은 해 영국 아카데미 시상식에서 베스트 의상상을 받았다.

타탄체크로 만들어진 킬트를 입고 얼굴에 푸른 페인트칠을 해
야성적인 카리스마를 보이는 멜 깁슨

영화에서 가장 눈에 띄는 의상과 분장은 단연 멜 깁슨의 타탄체크 (스코틀랜드 격자무늬)로 만들어진 킬트(스코틀랜드의 남자가 전통적으로 착용한 치마형 하의) 의상과 푸르게 페인트칠한 얼굴이다.

그런데 흥미로운 것은 의상상을 받은 이 옷과 분장이 고증과는 거리가 멀다는 사실이다. 찰스 노드도 이를 잘 알고 있었다. 무엇보다 스코틀랜드인의 대표 의상으로 여겨지는 격자무늬 천의 킬트 부분에서 그렇다. 킬트는 중세에는 유럽 어디에도 존재하지 않았다. 격자무늬의 킬트가 스코틀랜드인의 전통 의상이라고 많은 사람이 생각하고 있지만, 사실 이 스타일은 18세기 이후에 나타났다. 원래 스코틀랜드의 전통 의상은 커다란 타탄으로 몸을 감싸는 형태의 의상이었는데, 18세기 산업혁명 후에 스코틀랜드 지역에 공장이 생기면서 공장에서 노동하기에 더 편리하도록 실용성을 가미해 개조됐다. 그럼에도 찰스 노드는 고증을 통한 역사적 정확성 대신 영화의 감동과 극적 효과를 선택해 성공했다.

얼굴의 푸른 페인트도 마찬가지다. 지금의 스코틀랜드인은 6~7세기에 아일랜드에서 스코틀랜드로 이주한 사람들이다. 즉 스코틀랜드인의 기원은 스코티시가 아니라 아일랜드다. 스코틀랜드인이 6~7세기 정착한 하이랜드 지역엔 원래 픽트족(철기시대 후반에서 중세 초반에 살았던 민족)이 살고 있었는데 이 푸른색 페인트 칠은 이들 픽트족의 스타일이라고 전해진다.

중세 스타일의 갑옷과
헤드 장식을 연출한 왕의 모습

멜 깁슨 감독과 찰스 노드는 20세기의 영국 축구팬이나 미국 스포츠팬들이 얼굴에 페인트를 칠하거나 타투를 하고 있는 모습을 1세기 픽트족의 푸른 페인트 역사와 섞어서 13세기 스코틀랜드인들의 전쟁스타일에 도입했다.

경험이 풍부한 코스튬 디자이너 찰스 노드가 중세에 없었던 킬트와 스코틀랜드 지역에 살던 토착민의 푸른색 얼굴 페인트칠 스타일을 13세기 스코틀랜드인의 이미지로 내세웠던 것은 영화에서 역사적 정확성보다 역사에 대한 감동을 주는 것이 더 중요하다고 생각했기 때문이다. 멜 깁슨의 헤어 스타일 또한 기록에 의한 것이 아니라 20세기 후반의 바이커 스타일에서 이미지를 따왔다. 현대적인 기준에서 볼 때 남성적이고 거친 원시적 이미지를 주기 때문이었다. 그러나 영화에서 귀족과 농민 의상은 고증을 거친 것으로 알려졌다.

13세기 중세 스코틀랜드 여성은 발목 길이, 남성은 무릎 길이의 길

중세스타일의 헤드커버링을 한 소피 마르소(위)
이세벨 공주는 허리 아래에 벨트를 매 날씬한 허리
를 더 날씬해보이도록 연출하고 목가리개로 목과
머리를 장식했다.(아래)

고 넉넉한 튜닉(무릎 정도로 장식이 거의 없는 느슨한 의복)을 입었다. 남녀 모두 겉 튜닉 안에 속 튜닉을 입었는데, 겉옷보다 속옷이 조금 길어서 치맛단이나 소매 위로 삐져나온 것도 제대로 고증하였다.

중세 말기 여성의 가운은 더 나긋나긋하게 흘러내렸고 목가리개인 고제트와 머리싸개인 웜플을 강조했다. 의상 실루엣은 점점 더 타이트해지고 몸에 딱 맞게 변화했다. 이 시기 여성 귀족은 발목 길이의 긴 소매 원피스 위에 코트아르디(중세시대의 몸에 꼭 끼는 소매가 긴 겉옷)를 입고 허리 아래에 벨트를 매서 허리를 날씬하게 보이도록 했다. 특히 이세벨 공주(소피 마르소Sophie Marceau)의 웜플과 베일, 그리고 땅에 질질 끌릴 정도로 긴 소매, 몸에 딱 붙는 드레스들은 중세 시대에 극동으로부터 수입된 금실과 실크로 지어 중세 귀족 의상의 화려한 아름다움을 극대화했다.

41

사막에 펼쳐진
7,000벌의 오리엔탈 의상

〈페르시아의 왕자: 시간의 모래〉

　원 소스 멀티 유즈가 인기다. 그중에서도 영화와 게임을 융·복합한 작업이 크게 늘고 있다. 특히 마이크 뉴웰(Mike Newell) 감독의 2010년 작 〈페르시아의 왕자: 시간의 모래〉는 게임의 특성을 영화로 잘 살린 작품으로 손꼽힌다. 이 영화는 1990년대 초 비디오 게임을 원작으로 했다.

영화의 배경은 6세기에 천하를 정복한 가상의 페르시아. 시간을 돌이킬 수 있는 절대 파워를 지닌 단검인 '시간의 모래'를 둘러싼 다스탄 왕자(제이크 질렌할Jake Gyllenhaal)와 타미나 공주(젬마 아터튼 Gemma Arterton)의 모험을 그렸다.

영화는 어느 블록버스터보다도 촬영 스토리가 많은 것으로 유명하다. 베일에 가린 페르시아 제국을 재현하기 위해 모로코 사막에 오픈 세트를 세운 것부터 그렇다. 모로코는 전통적으로 할리우드 영화의 스펙타클을 창조해내는 공간으로 사랑받아온 로케이션 장소다. 오픈 세트에는 무려 2천여 명의 제작진이 동원됐고, 5개월 동안의 현지 촬영에서 모래폭풍과 섭씨 40도 이상의 살인적인 더위로 제작진과 배우들은 110만 병의 생수를 마셨다고 한다.

시간의 모래를 담고 있는 단검은 영화에서 가장 중요한 소품이다. 제작진은 영화를 위해 강철로 만든 '영웅' 버전에서 스턴트 장면을 위한 '라텍스' 버전까지 20가지 버전의 단검을 제작했다. 이와 함께 검, 방패, 창, 도끼, 화살, 활, 칼집, 단검 등 3,500점의 무기 소품도 제작됐다.

수작업으로 만든 7천여 벌의 의상도 흥미롭다. 의상은 〈캐리비안의 해적〉 시리즈를 포함해 40여 편의 영화의상 제작에 참여한 페니 로즈가 맡았다. 〈캐리비안의 해적〉의 의상 제작 과정과의 차이를 비교하자면, 〈캐리비안의 해적〉에서보다 렌탈을 줄이고 3,000점 이상의 의상을 직접 제작한 것이 특징이다. 현대물보다는 시대극이나 판타지물을 좋아하고, 특별히 의상에 예산이 막대하게 지원되는 할리우드 영화를 좋아하는 페니 로즈는 이 영화가 구미에 딱 맞았다고 한다.

그는 영화의상 작업에서 75개의 보석상, 무기상, 신발가게, 3개의 재봉상, 2개의 수공예상, 30명으로 구성된 다섯 개의 의상디자인 팀을 연결하는 데 성공했다. 모로코는 많은 할리우드 영화가 촬영된 장소여서 모로코인들은 이미 의상을 만드는 기능이 갖추어진 상태였기 때문에 재단사, 재봉사, 염색공, 신발공, 모자공, 보석공 등 80명을 고용한 공장을 모로코에 직접 지을 수 있었다.

판타지 의상의 아이디어를 위해서 의상팀은 6주 동안 시대상에 관한 전반적인 리서치를 했다. 주로 레바논, 터키, 알제리 등의 오리엔탈 문화를 보여주는 시각적 자료를 참조했다. 특히 5개의 의상디자인팀은 영화의상을 제작할 원단을 구하기 위해 중국, 말레이시아, 모로코, 태국, 인도, 터키, 아프가니스탄, 프랑스, 이탈리아, 영국 등에서 발품을 팔았다. 그러다 보니 벽걸이나 침대보가 옷으로 둔갑하고 카펫으로 부츠를 제작하기도 했다.

게임 '페르시아 왕자'의 전투 복장(위)
게임의 의상디자인을 많이 채택한
다스틴 왕자의 전투복(아래)

뉴욕의 중고할인점에서 산 인디안 웨딩숄과 스커트는 염색을 다시 해서 영화의상 다섯 벌로 만들기도 했다. 할인점에서 구입한 어떤 의상은 잘게 잘라서 의상 장식으로 쓰기도 했다. 또 인도에서 산 흰색 침대보 중에서 50개가량은 흠이 있는 것이었지만 흠을 잘라내고 사제의 의상으로 만들었다.

영화 촬영지인 모로코의 기후는 40도가 넘어서 의상의 보관도 문제가 됐다. 혹시 있을지도 모를 박테리아가 의상을 상하게 할까 봐 의상에 박테리아 살균제를 살포했다.

타미나 공주의 서빙 의상

1930년 이란 샤미 지방에서 발굴돼 테헤란국립고고학박물관에 보관 중인 페르시아 파르티아왕조의 '샤미 왕자상'은 페르시아 복식 연구에 귀중한 자료가 되고 있다. 샤미 왕자상은 유목민족의 전형적인 복식 특성을 갖지만, 그리스 복식 요소 또한 갖고 있다. 그래서 유목민족의 전형적인 저고리와 바지 형태에 그리스적 드레이퍼리의 둥근 주름이 잡혀 있다. 샤미 왕자상에 나타난 의상은 기원전 4~8세기 사이에 있었던 유럽의 대표적 유목민족인 스키타이인의 복식과도 같은 형태를 이룬다.

영화에서도 다스탄 왕자의 의상을 제작할 때 샤미 왕자상 복식 스타일을 많이 참조했다. V자를 형성한 랩 스타일의 저고리에 허리벨트를 묶은 것, 중앙에 장식돌이 있는 굵은 목걸이를 한 것, 가장자리

천이 풀리지 않게 저고리 깃과 저고리 아랫단 소매 끝에 같은 폭으로 선을 두른 것, 단발머리에 허리 양 옆으로 두 개의 칼을 찬 다스틴 왕자의 모습은 모두 샤미 왕자 스타일이다.

페니 로즈가 아이콘 의상으로 꼽는
다스틴 왕자의 나선형 무늬가 있는 코트

페니 로즈는 이런 고증에 기반한 디자인에 상업성을 더했다. 디즈니 영화의 주요 관객인 15세 전후 소년들에게 어필하는 의상을 만드는 것이 중요하다고 생각한 것이다. 그래서 영화 첫 장면에서 다스틴 왕자는 게임에 나오는 갑옷과 조끼에 커다란 벨트를 매 영화의 뿌리인 게임의 시너지 효과를 노리며 소년들의 흥미를 유발했다.

그런데 페니 로즈가 꼽은 영화의 상징은 이 전투 의상이 아니라 800년 된 오리지널 페르시안 자수로 제작된 다스탄 왕자의 나선형 문양 코트다. 코트는 페르시아 지배계급의 복장이었다. 거리의 고아에서 페르시아 제국을 구원할 영웅으로 거듭난 다스탄 왕자는 누명을 쓰고 쫓기는 상황에서도 자신의 상징인 코트로 단호하고 강인한 모습을 표현했다. 그래서 평범한 가죽이지만 영웅을 잘 묘사할 수 있는 무늬 있는 소재를 사용했다.

왕자의 의상은 영화 상영 후 핼러윈 의상에서 빼놓을 수 없는 아이템이 됐다.

영화 속
한복, 치파오,
기모노

42
한 편의 기모노 패션쇼

〈게이샤의 추억〉

철학자 움베르토 에코(Umberto Eco)는 "옷은 하나의 단어와 같으며 한 벌의 옷은 하나의 문장을 이룬다"고 말했다. 콜린 앳우드가 영화 〈시카고〉에 이어 2006년 또다시 아카데미 의상상을 수상한 영화 〈게이샤의 추억〉을 보면 이 말의 의미가 그대로 피부에 와 닿는다.

〈게이샤의 추억〉은 한 편의 기모노 패션쇼를 보는 듯하다. 실제로 이 영화가 상영된 이후 세계 패션계는 기모노를 새로운 패션 아이콘으로 주목했다. 특히 2006년 봄/여름 패션 컬렉션에서는 기모노 형태의 랩과 오비(기모노 허리 위에 감아 묶는 넓고 긴 벨트) 디자인이 새로운 '젠 스타일'로 각광받았다. 심지어 아방가르드 디자이너인 레이 가와쿠보(Kawakubo Rei, 일본 패션디자이너)가 설립한 세계적인 디자인 하우스 꼼 데 가르송에서는 오비 형태로 만들어진 단품 벨트가 날개 돋친 듯 팔렸다. 마치 1980년대 후반 패션계에 휘몰아친 자포니즘의 부활을 목격하는 것 같았다.

〈게이샤의 추억〉은 할리우드 대자본이 만들어낸, 할리우드 시각에서 본 일본인의 삶을 드러냈다. 아서 골든(Arthur Golden)이 1997년 발간한 소설 『게이샤의 추억』을 2005년 스티븐 스필버그(Steven Spielberg)가 롭 마샬(Rob Marshall) 감독과 함께 영화로 제작했다. 1930년대 일본 교토를 배경으로, 게이샤 사유리(장쯔이章子怡, Zhang Ziyi)의 질곡 같은 삶을 다뤘다. 스필버그는 원작을 읽자마자 직접 판

권 계약을 마친 뒤 아시아 톱스타들과 할리우드 최고의 제작진을 한자리에 모았다. 서구인들이 동양적 환타지에 얼마나 매료됐는지를 가늠할 수 있는 대목이다.

영화는 조명, 색채, 음악 그리고 의상에서 완벽한 예술 그 자체를 만들어냈다. 『타임』지는 게이샤의 추억을 "가장 아름답고 섬세한 감수성의 영화이며 그 자체로 이미 예술이다"라고 극찬했다. 이 영화는 제78회 아카데미 영화제에서 의상상뿐

실제 게이샤의 모습

아니라 촬영상, 미술상을 수상해 비주얼의 극대화를 이루었다. 오디오 부분도 멋졌다. 아카데미상을 다섯 번이나 수상한 영화음악계의 거장 존 윌리엄스(John Williams)와 세계 최고의 연주자인 요요마(Yo-Yo Ma), 이츠하크 펄먼(Itzhak Perlman)이 합세하고 동양의 전통악기가 총동원된 천상의 음악으로 골든글로브 음악상을 받았다.

의상감독 콜린 앳우드는 일본 전통패션을 자유롭게 해석하여 실제 게이샤의 의상으로
연출할 수 없는 색다른 기모노로 의상이 영화의 뼈대가 되도록 했다.

영화의 주인공 사유리는 게이샤다. 예술가란 뜻의 게이샤(藝人, Geisha)는 그동안 노래하고 춤추는 기생으로 잘못 인식되어왔으나 최근 일본에서 예술의 전통을 이어간 예인으로 재조명되고 있다. 이들은 일본 고유의 전통 전승에 기여했으며 일본 여인의 패션과 문화를 리드하는 선구자 역할을 했다.

그러나 〈게이샤의 추억〉에서는 실제 일본과는 관계없이 서구의 이국취향으로 이상화된 일본 여인의 모습이 존재한다. 롭 마샬 감독은 전통의 재현이 아니라 모던한 스토리에 포커스를 맞추었다.

의상 역시 고증을 바탕으로 하였으나 역사적인 정확성을 가지고

사유리의 솔로 댄스는 일본 공연예술을 접목시켜 일본 문화의 환타지를 선보였다.

제작되지는 않았다. 콜린 앳우드는 일본 전통 패션을 그대로 따르기보다는 이를 재창조하려 노력했다. 일본 전통을 자유롭게 해석하여 실제 게이샤 의상으로선 연출할 수 없는 색다른 기모노를 제작하여 의상이 영화의 뼈대가 되도록 했다.

원래 게이샤 하면 떠오르는 형상은 목덜미까지 하얗게 분을 바르고 화려한 문양의 기모노를 입어 원래의 나이와 외모를 알 수 없는 모습이다. 원래 게이샤의 화장은 그로테스크한 느낌을 줄지언정 성적으로 두드러진 느낌을 주지는 않는다. 그런데 〈게이샤의 추억〉에 등장하는 게이샤는 미모와 성적인 느낌을 부각시켜 의상과 화장 스타일을 변형했다. 전통적인 기모노는 앞에서 여미고 허리에 오비를 둘러서 입는 원피스 형식으로, 인체의 곡선을 무시한 채 직선으로 재단된다. 그러나 영화에서는 기모노의 전통 라인과 다르게 현대적으로 변형했고, 여체의 곡선을 강조해 섹슈얼리티를 부여했다. 어깨를 드러내는 디자인, 허리를 강조하는 디자인, 기모노 안에서 가슴의 감

각을 느낄 수 있는 디자인을 표현하기 위해서 몸매를 감추는 전통
기모노의 오비가 몸통을 강조하는 오비로 변형됐다. 볼륨을 살린 기
모노는 염색, 자수의 장식적 효과까지 더해져 기모노를 고급 복식문
화로 끌어올렸다.

　사유리의 솔로 공연 장면은 일본의 춤과 공연 예술을 접목시켜 영
화가 선사하는 화려함의 극치를 보여준다. 마이코(게이샤가 되기 전의
예비 게이샤)의 처녀성을 경매에 부치기 위해서 벌인 공연이다. 사유리
를 바라보는 관객들을 보면 일본 전통문화에 매료된 서구인의 시선
을 느낄 수 있다. 원래 게이샤는 기모노 안에 빨강색을 입지 않으나
영화에서는 42인치나 되는 흰색 실크 기모노 소매 안에 핏빛 빨강색
이 보이도록 디자인을 해서 색상의 극명한 대조를 연출했다.

　가든파티에서 마이코 복장으로
등장한 사유리의 모습도 눈길을
끌었다. 그의 마이코 오비는 문양
이 가득 채워진 길이 7m가량의 천
으로, 허리를 두 차례 두르고도 남
은 부분으로 매듭을 지었다. 또 머
리부터 발끝까지 벚꽃을 수놓은
후리소데(길게 흐르는 소매를 가진
기모노)에 벚꽃을 형상화한 머리장
식은 일본 의상의 장식미를 극명
하게 보여주었다.

마이코 시절 벚꽃이 수놓아진 기모노를
입은 사유리의 모습

　질투와 열정, 복수의 화신인 하
츠모모(공리鞏俐, Gong Li)의 기모노는 창조적 패션 그 자체였다. 앳우
드는 하츠모모의 의상을 '판타지 의상'이라고 불렀다. 하츠모모의 의

어깨의 곡선이 강조되어 섹슈얼한 이미지가
강한 하츠모모(공리)의 게이샤 의상

상은 앳우드의 예술적 감각을 가장 잘 보여주고 있는 의상이다. 현대적인 시각을 재현하기 위해서 일본 옷감을 기본으로 하되 문양을 크게 키우고 디자인을 단순화했다. 런던에서 구한 일본 빈티지 옷감 위에 일본에서는 더 이상 통용되지 않는 스타일로 수를 놓은 뒤 털을 달고 벨벳으로 안감을 처리했다. 하츠모모의 도발적인 모습은 그렇게 탄생했다.

일본은 전통문화를 통한 국가 이미지를 국제사회에 적극적으로 알려왔다. 특히 서구의 시선을 끊임없이 받아들이고 서구의 구미에 맞는 일본을 스스로 포장하여 다시 서구에 선보이는 작업에 충실했다. 그 성과 중 하나가 〈게이샤의 추억〉이 아닌가 싶다.

〈게이샤의 추억〉은 우리에게 한 가지 분명한 사실을 알려주고 있다. 동양적 엑조티즘이 하나의 문화 코드로 대두되고 있다는 사실이다. 전 세계가 한류에 푹 빠진 요즘, 전통 한복의 매력을 지구촌 곳곳에 파종시킨다면 고품격 한국 이미지를 창출해내는 데 더욱 도움이 되지 않을까.

43

일본의 가을 속 거지패션

〈돌스〉

　기타노 다케시 감독의 2002년 작품 〈돌스〉는 의상에 초점을 맞춘 영화다. 일본의 사계절을 배경으로 펼쳐지는 의상의 색과 디자인이 돋보이는 이 영화는 다마스커스 국제영화제에서 최우수 작품상을 받고 2002년 베니스 영화제에 공개되어 세계적인 주목을 받았다. 같은 해 부산 국제영화제 폐막작으로 상영되기도 했다.

이 영화의 주제는 사랑이다. 다른 듯 닮은 세 쌍의 연인들의 아름답고 애절하면서도 잔인한 사랑이야기를 담아냈다. 그러나 세 가지의 러브 스토리를 '옴니버스(각각 다른 이야기를 다루지만 크게 보면 모두하나의 이야기로 이어지거나 같은 메세지를 전달하는 형태로 결합한 것)'가 아니라 일본 전통극인 '분라쿠 인형'을 통해 엮었다.

분라쿠의 형식을 통해 모든 에피소드가 인형극의 일부분인 것처럼 꾸며졌다. 시작과 마지막 장면을 일본 전통 인형극인 분라쿠와 오버랩하면서, 일본 전통 색채를 빌려 영화 전반에 일본 분위기를 내세웠다. 이를 현대적 이미지로 재해석해 감독의 메시지를 더 강하게 어필한 것이 이채롭다.

패션디자이너 요지 야마모토

영화의상은 1981년 '거지 패션'으로 유럽 패션계에 큰 충격을 준 디자이너, 요지 야마모토(Yohji Yamamoto)가 맡았다. 그는 '빈곤의 미학'으로 미완성된 옷을 선보였는데, 이는 일본 사무라이 정신에서 비롯된 흑색의 이미지와, 장식이 배제된 어둡고 청빈한 느낌의 패션이었다. 이러한 패션은 그가 일본의 패션디자이너가 아닌 선구적인 세계적 디자이너로 인정받는 계기가 되었다. 요지 야마모토는 동양적인 요소나 선을 서양 의상에 도입시키는 결정적인 역할을 통해 1996년 세계 최고의 디자이너로 선정되기도 했다.

기타노 감독은 당초 인형이 이야기를 끌어가는 방식을 취했는데, 첫 촬영에서 영화 배경인 단풍과 요지가 디자인한 붉은색 사와코 의

봄. 벚꽃 흐드러진 봄에 마츠모토와 사와코는 빨간 끈으로 서로를 묶고 길을 떠난다.

상이 기가 막히게 어울린 장면을 포착하고는 곧바로 방향을 틀었다고 한다. 기타노 감독은 "요지의 의상이 없었다면 영화는 제작되지 못했을 것"이라고 말했다.

영화는 벚꽃이 만개한 들판, 여름 바다, 활활 타오를 듯한 붉은 단풍, 정적에 싸인 설산 등 일본의 사계를 무대로 펼쳐졌다. 여기에 요지 패션의 특성인 두르기, 걸치기, 매기 등 비구조적이고 비대칭적인 '빈곤의 미학'으로 완성된 패션쇼를 한껏 보여주었다.

첫 이야기는 붉은 운명의 끈으로 서로의 몸을 묶고 목적 없이 죽음을 향해 느릿느릿 걸어가는 연인들을 다루고 있다. 마쓰모토(니시지마 히데토시)는 약혼자였던 사와코(간노 미호)를 버리고 사장의 딸과 결혼식을 올린다. 버림받은 사와코는 자살을 시도하고, 이로 인해 정신이 이상해진다. 이 소식을 들은 마쓰모토는 사와코를 데리고 도망치는 이야기이다. 마쓰모토와 사와코를 잇는 붉은 끈은 사랑의 열정을 암시한다.

이들의 의상은 일반적인 좌우대칭이 아니다. 비대칭에 초점을 두

두 번째 커플. 나이 든 야쿠자가 붉은 옷을 입고 수십 년을 기다린 요코를 만나고 있다.(왼쪽)
세 번째 커플. 하루나를 사랑하여 스스로 장님이 된 누쿠이(오른쪽)

고, 매거나 걸치는 등의 해체적 착장법을 사용하고 있다. 두 다리를
서로 다른 색상으로 구성한 마쓰모토의 비대칭 바지, 두 주인공의 겹
쳐 입기와 걸치기를 통한 무형식성 의상 착장법 등은 초자연주의 세
계관을 설명하고 있다. 두 번째 연인들의 붉은 의상도 마찬가지다.
야쿠자인 히로시는 젊을 때 사랑한 료코를 잊지 못한다. 한편 요코
는 같은 자리에서 수십 년간 매일 붉은색 원피스를 입고 도시락을
준비하며 히로시를 기다린다. 세 번째는 아이돌 스타 하루나의 열혈
팬인 누쿠이의 맹목적인 사랑 이야기다. 누쿠이는 하루나가 자동차
사고로 다치자 자신도 스스로 장님이 되기를 택한다.

스태프들은 의상 준비 단계부터 애를 먹었다. 보통 의상의 경우,
각본의 이미지에 맞추어 의상부와 연출부가 상의하여 미리 의상을
준비한다. 배우는 준비된 의상을 번갈아 입어보고 감독은 스태프들
의 의견을 참고하여 촬영에 쓰일 의상을 미리 정하는 것이 일반적인
영화의상 준비단계다. 그런데 이번 영화는 달랐다. 요지 야마모토의
아틀리에에서 의상 담당자가 한 벌당 한 명씩 동행하여, 촬영을 하면
서 촬영 장면에 맞춰 의상을 나중에 골랐다.

가을. 가을 단풍과 너무 어울리는 사와코의 의상에 감독은
영화전개 배경을 인형극에서 사계로 바꿨다.

가장 처음에 등장한 단풍 장면에서, 사와코의 의상은 분라쿠 세
계에서 영감을 얻은 독창적인 색과 디자인이다. 촬영을 하면서 발
견하게 된 '붉은색' 사와코의 풍부한 이미지는 환상적인 화면 연출
을 모색하고 있었던 촬영 팀의 방향을 결정짓는 강력한 추진력이
되었다.

의상 중 압권은 '도테라(솜을 넣어 만든 일본 전통의상)'의 존재감이
다. 요지는 에도 시대의 사료 조사를 통해 기모노의 고풍스러운 문
양을 재현했고, 교토에서 장인을 찾아내어 4개월이라는 긴 시간 동
안 섬세한 수작업을 거쳐서 도테라를 완성했다. 이 도테라는 세상

에 단 한 벌밖에 없는 예술 작
품이다. 이 의상은 마쓰모토와
사와코의 사랑이 초현실과 신
화의 세계로 비약하는 데 결정
적인 계기로 작용했다. 영화는
도테라로 시작해서 도테라로
끝났다.

영화의 시작과 끝을 장식하는 분라쿠 인형은
주인공의 운명과 같다.

4개월의 긴 시간 동안 제작한 도테라를 입고 있는
마츠모토와 사와코. 사와코의 도테라가 붉은색이다.

　일본은 전통적인 예술의 내용이나 형식을 서양의 영화기술에 접목
해 그들만의 독자적인 영화산업을 발전시켰다. 패션에 있어서도 일
본은 그들의 전통문화를 현대화시키는 데 성공했다.

　세계무대에서 인정을 받는 일본 디자이너들은 일본의 전통을 추
구한다는 공통점을 갖는다. 그들은 일본 전통복식인 기모노를 다양
한 각도에서 해석하고 연구해서 그들만의 미적 감각으로 승화시켜
일본의 독자성을 갖고 이제 세계 속에 우뚝 서게 되었다.

　일본 전통복식을 현대화한 요지는 영화의상을 통해 일본의 전통
성을 강하게 표출했고, 나아가서는 새로운 영화의상의 가능성을 보
여주었다.

44
동양철학이 가득 담긴, 스타일리시한 홍콩 무협영화

〈일대종사〉

의상감독 청숙핑이 스스로 최고로 꼽은
궁이의 커다란 털 옷깃이 달린 코트와 코트 속 치파오

한마디로 동양철학이 가득 담긴 무협영화다. 게다가 이 영화 너무 스타일리시하다.

최고의 비주얼리스트 감독으로 세계에서 인정받는 중국 왕자웨이 감독의 〈일대종사〉(2013)는 수채화 같은 정적인 영상미가 뛰어나다. 일대종사는 '한 시대에 한 번 나올까 말까 한 위대한 스승'을 뜻한다.

영화는 왕조가 몰락하고 공화정치가 시작된 1930년대, 일본의 침략으로 혼란에 빠진 중국사회를 배경으로, 예술의 경지에 오른 위대한 쿵후 무술가와 두 여인의 사랑을 그렸다. 위대한 무술가는 영화배우 리샤오룽(이소룡李小龍)을 배출한 영춘권의 대가 입만(葉問, 량차오웨이梁朝偉).

탁월한 영상과 색채감각을 보여주는 동중정의 미학

영화는 아시아 각국의 영화를 대상으로 수상자를 선정하는 제8회 아시안 필름 어워드에서 작품상과 의상상을 비롯해 7개 부문의 상을 휩쓸었다. 중화권 3대 영화제로 손꼽히는 홍콩 금상장 영화제에서도 12관왕을 차지하여 금상장 영화제 사상 최다 부문 수상의 역사를 썼다. 영화 〈위대한 개츠비〉가 의상상을 받은 2014년 제86회 미국 아카데미 시상식에서도 〈일대종사〉가 미술상과 의상상 후보에 올랐고, 2013년 베를린 영화제에서는 개막작으로 상영되기도 했다.

영화가 이처럼 좋은 평가를 받은 것은 치밀한 노력과 혹독한 훈련, 탁월한 연출 덕분이었다. 영화는 기획에서 촬영까지 12년이 걸렸다고 한다. 제작 기간만 3년. 제작비는 무려 2,500만 달러(약 270억 원)가 들었다. 기존 무협영화에서 보여주는 단조로운 액션을 넘어, 주변의 배경과 소품들을 활용하여 무술을 예술의 경지로 이끌어낸 듯한 느낌이다. 배우들은 영화의 완성도를 위해 쿵후를 직접 수련했고, 그중 장첸(일선천 역)은 실제로 무술대회에 나가 우승하기도 했다. 주연인 량차오웨이도 4년 동안 쿵후를 배웠다고 한다. 입만과 궁이(장쯔이)의 대결 액션 장면은 쿵푸를 단순한 격투에서 벗어나 아름다운 춤으로 보이게 할 만큼 매혹적인 연출이었다.

동중정의 미학과 어우러진 궁이의 모습이 수채화의 한 장면 같다.

영화의상은 1920~1950년대가 배경임에도 불구하고 의외로 호화롭고 화려하다. 홍콩 최고의 미술감독이자 의상감독인 청숙핑(張叔平)이 의상을 맡았다. 〈해피투게더〉, 〈화양연화〉, 〈2046〉 등으로 왕자웨이 스타일을 구축해온 미술감독 청숙핑은 프로덕션 디자인과 의상을 맡아 영화의 주요 배경이 된 광동성 불산, 기차역, 황금관 등의 촬영세트를 실제처럼 제작하며 영화의 디테일을 살려냈다. 이 중에도 중국 전통 의상인 치파오(청나라 이후 중국 전통의상, 청삼이라고도 함)는 특히 더 눈길을 끌었다.

'느낌이 무엇인가'라는 질문으로 모든 작업을 시작한다는 그는 시

매음굴에서 입문과 액션신을 벌일 때 궁이가 입은 검정 톤의 치파오는 옅은 블루 톤의 섬세한 레이스 장식으로 치파오의 아름다움을 돋보이게 한다.

기차역에서 아버지의 원수를 갚는 무술신에서 입은 커다란 털 옷깃이 달린 코트 속에 치파오가 보인다.

매음굴 장면에서 장쯔이가 입은 실크 소재의 치파오는 비즈와 수를 놓아 섬세하게 장식됐다.

검정색 톤의 무리를 이루는 주위 인물들과 구분되는 왕조위의 이탈리아산 모자가 중국 전통의상과 묘하게 잘 어울린다.

대상뿐 아니라 남북의 지역 차이를 염두에 두고 옷감과 색상을 연구
했다고 한다. 대부분 의상을 손바느질로 만든 것도 주목받았다. 이
시기에는 누구나 집에서 자기 옷을 만들어 입었기 때문에 영화에서
는 일부러 손바느질 스티치를 클로즈업해 손바느질 작업의 증거를
보여주고 있다.

매음굴에서 싸우는 장면은 중국 남부 지방에서 촬영했다. 이 장면
을 위해 비단을 수작업으로 지어서 그 위에 자수와 레이스로 장식하
고 파이핑을 두른 뒤 비즈를 꿰맸다. 이렇게 만든 옷이 무려 120벌.
꼬박 2년이 걸렸다고 한다. 신발도 수작업으로 이뤄졌다. 싸우는 장
면이 많아서 똑같은 옷을 7~10벌까지 만들었다.

소재는 린넨, 울, 실크가 사용됐고 대부분의 남성 의복은 검정이거
나 검정에 가까운 색상이어서 소재의 질감에 차이를 두어 출연자를
구분했다. 그중 입만의 패션스타일은 모자를 통해 완성됐다. 입만은
1920~1950년대 유행한 이탈리아산 남성 모자를 시종일관 쓰고 나
왔다. 그의 상징이 된 서양식 모자는 런던에서 주문했고 중국 북방
모자와 털모자는 중국 자체에서 제작했다.

청숙핑은 장쯔이가 북부의 한 기차역에서 싸우는 장면에서 입고
나온 커다란 털 옷깃의 겨울 외투를 영화의 최고 의상으로 꼽았다.
여성적이면서 공격적인 전투태세의 쿵후 동작을 할 수 있는 의상으
로 그가 더 단단하고 사나운 느낌을 주기 위해 볼륨을 준 디자인이
었다.

장쯔이가 착용한 액세서리도 의상 연출에 중요한 역할을 했다.
액세서리는 중국 여성이 좋아하는 전통적인 초록색 옥을 많이 사용
했다. 아버지가 죽었을 때 장쯔이가 꽂은 머리핀도 중국의 전통풍
습을 따랐다. 아버지가 돌아가시면 머리핀을 왼쪽에, 어머니가 돌아

송혜교가 입은 치파오는 송혜교의 맑은 이미지를 가지면서도 섹시함과 캐릭터의 현숙한 이미지를 잘 보여준다.

가시면 오른쪽에 꼽는 중국의 풍습을 따라 크로쉐 핀을 왼쪽에 꽂았다.

우리나라 영화배우인 도 입만의 부인 장영성 역으로 출연해 아름답고 매력적인 모습을 보여주었다. 송혜교는 그 시대의 빈티지 의상을 많이 입고 나왔다. 그가 입은 표범 털 칼라 코트는 빈티지 의상으로, 인터넷사이트 이베이에서 구입했다고 한다. 이베이 사이트는 빈티지 동양복과 서양복을 구하는 좋은 소스가 됐다. 이베이뿐 아니라 다른 빈티지 쇼핑 사이트도 이용했다. 구한 의상이 상태가 안 좋을 때는 일부분만 뜯어서 다시 만들었다. 송혜교 옷은 그의 맑은 이미지를 유지하면서 치파오의 섹시함과 배역이 지닌 현숙함을 동시에 만족시켰다.

송혜교는 "여성의 몸매를 그대로 드러내는 스타일의 의상이기 때문에 신경이 쓰이기도 했지만, 여성미가 돋보이는 아름다운 의상"이라고 치파오 착용 소감을 밝혔다.

영화 〈일대종사〉는 중국 무술을 예술의 경지로 승화시켰고, 치파오를 비롯한 중국 전통 의상의 아름다움을 전 세계에 전파했다.

45

'여자의 가장 아름다운 한때'와
꽃무늬 장식 치파오

〈화양연화〉

　몽환적인 조명 아래 구슬프게 가슴을 적시는 배경음악에 맞춰 23
벌의 형형색색 치파오 드레스를 입고 관객을 압도하는 패션쇼 무대.
지난 2000년, 왕자웨이 감독이 1960년대 홍콩을 무대로 만든 영화
〈화양연화〉는 장만위(리첸 역)의 단독 치파오 패션쇼라고 해도 과언
이 아니다.

'화양연화'는 '여자의 가장 아름다운 한때', 혹은 '사랑의 가장 아름다운 시절'이라는 뜻이다. 영화의 감각적인 느낌이 고스란히 전달되는 영어제목 'In the mood for love'는 '화양연화'보다 더 몽환적인 느낌을 전달하는 것 같다.

왕자웨이 감독은 전통과 새로운 문화가 교차되는 1960년대 홍콩의 잃어버린 시간을 차우(량차오웨이)와 리첸의 이루어질 수 없는 사랑으로 잡아냈다. 이들은 서로의 마음을 들키지 않으려 저릿하게 감정을 추스르고 또 방어한다. 영화의 절제된 감성과 그 미세한 떨림이 두 주인공의 애틋함을 고스란히 보여주었다.

당시 홍콩은 전통과 새로운 문화가 교차되는 변화와 교차의 시기였다. 영화는 1960년대 홍콩의 비좁은 아파트, 이웃과의 공동생활, 중국 전통음식과 의상을 섬세하게 선보였다. 등장인물들이 상하이식 홍콩 음식을 먹는 장면의 디테일한 표정을 보여주기 위해서 실제로 상하이에서 온 요리사에게 음식을 만들도록 했다고 전한다. 기억하고 싶은 시간은 흘러가고, 순간은 잡을 수 없다지만 수채화의 장면처럼 아름다운 색감과 공간의 질감, 감각적인 선율은 관객을 감동시키기에 충분했다.

〈화양연화〉가 왕자웨이 작품의 정점을 찍었다고 보는 사람이 많다. 서양은 물론이고 아시아 영화에서도 찾을 수 없는 독특한 감각은 전 세계 영화팬을 사로잡았다. 계단, 길고 굽은 복도, 커튼, 거친 시멘트벽은 장면을 따라 다시 채색되고 모든 공간과 사물은 주인공의 의상과 완벽한 조화를 이뤘다. 영화는 줄거리나 주제보다는 화려하고 감각적인 영화 이미지가 주는 즐거움과 여운이 강하다.

대화는 많지 않은데, 이 점이 오히려 회화적인 시각과 감성을 자극하는 음악 속에서 관객 스스로 주인공의 입장이 되고 생각하게 만든

치파오에 많이 연출되는 꽃무늬 치파오를 입은 리첸.
하이칼라와 긴 팔이 치파오를 더 우아하게 보이게 한다.

다. 질감이 없는 벽이 없고, 칼라가 존재하지 않는 공간이 없다. 붓터치 느낌과 패턴의 질감을 가진 커튼과 시멘트 벽은 일부러 스크래치되어 재터치됐다. 아르데코 문양과 아르누보 문양의 조화도 탁월하다. 기하학적 문양과 꽃문양의 이질적인 결합은 색상의 통일을 통해서 더욱 멋지게 조화를 이루었다.

벽에 붙여진 광고는 또 어떠한가? 벽 광고지까지 회화의 일부로 연출됐다. 프린트된 옷의 색상 중 일부는 벽의 색상이나 창살의 색상에 맞추어졌다. 같은 공간이지만 옷의 패턴에 따라 주위 배경 색상과 조명이 조금씩 변했다. 의상의 아름다움이 주위 공간과의 코디네이션이라는 것을 다시 한 번 실감하게 되는 대목이다.

의상감독을 맡은 청숙펑은 의상뿐 아니라 디자인 전반을 혼자 맡아 의상과 메이크업과 음악과 배경의 완벽한 일체를 이루었다. 그는 이 영화로 2001년 홍콩 필름 어워드에서 미술감독상과 필름편집상,

기하학적 문양의 치파오가 더할 나위 없이 세련됐다.(왼쪽)
여밈을 지퍼로 처리해서 더욱 현대적인 모습이다.(오른쪽)

의상상, 메이크업상을 거머쥐면서 4관왕을 차지했다.

청숙핑은 치파오의 역사적 사실에 덧붙여 중국 고유의 문양과 서양의 문양을 결합하여 독특한 분위기의 문양으로 재해석한 치파오를 선보였다. 1960년대는 홍콩 치파오의 황금시대다. 홍콩 치파오는 원래 1920~30년대 상하이에서 유행한 스타일로, 몸에 착 달라붙는 스타일이 베이징 치파오와 가장 구별되는 특징이었다. 상하이는 민국 시대 가장 큰 항구로서 다른 나라들과의 활발한 교류로 서양문화가 다른 지역보다 발달해 있었다. 여러 문화권의 영향을 받은 상하이 치파오는 중국과 서양의 장점을 융합하여 다양한 문양으로 개성과 시대감각을 나타냈다. 치파오에 다양한 패턴과 컬러가 가미됐듯이 당시 홍콩에서는 벽지나 그릇 등 생활용품 및 인테리어 분야에서도 화려한 패턴과 컬러가 유행을 이끌었다.

상하이 치파오는 1940년 후반~1950년대 중국 공산당에 의해 규제되면서 홍콩으로 건너왔고, 이후 홍콩 치파오 시대를 열었다. 영화 속 장만위의 치파오도 1960년대 홍콩에서 유행한 스타일을 그대로 재현한 것이다. 몸에 딱 붙는 실루엣, 사선 여밈, 양옆으로 째진 스커

다양한 꽃무늬 치파오는 영화에서 가장 많이 나오는 무늬다.(왼쪽) 의상의 여밈을 따라 데이지 문양이 있는 치파오 드레스를 입은 리첸. 백그라운드가 되는 벽 색상과 의상의 색상이 잘 어울린다.(오른쪽)

트, 보통보다 높게 제작된 하이칼라에서 당시의 향수가 묻어난다. 색상도 중국 전통의 색상보다는 채도가 높거나 현대화된 색상이고 문양은 중국 전통문양을 변형시키거나 현대화했다.

장만위는 화려한 꽃무늬로 장식된 푸른색 치파오와 빈티지한 느낌의 사선 체크 패턴 치파오, 세로 스트라이프 치파오, 속이 비치는 쉬폰 소재의 붉은 치파오 등으로 섹시하고 아련한 매력을 내뿜었다. 이토록 화려하고 세련된 치파오는 장만위의 길고 매끈한 목선과 가는 허리, 반듯하고 아름다운 어깨 등을 더욱 강조했고, 빠져들 수밖에 없는 치명적인 여인이라는 극중 배역에 설득력을 더했다. 장만위가 영화 속에서 입고 나온 치파오들은 홍콩에서 영화 개봉과 함께 경매에 부쳐졌다.

중국 역사를 오롯이 담은, 그리고 전통과 서구 복식을 혼합한 치파오는 비록 공산당에 의해 한때 금지됐지만, 지금은 중국 문화의 정체성을 드러내는 상징이자 민족문화의 아이콘이 되고 있다. 지난 2008년 베이징 올림픽에서 수많은 여성 안내원들이 착용한 것도 역시 치파오였으니, 참으로 아이러니컬한 치파오의 역사다.

장만위의 꽃무늬 치파오와 무늬나 색상이 완벽하게 어울리는 꽃무늬 커튼과 화초

　　최근 서양 디자이너들에게 치파오는 중요한 패션 모티브다. 중국 출신 비비안 탐(Vivienne Tam)이나 피터 라우(Peter Lau) 같은 민족적 성향을 가진 세계적인 디자이너들은 현대 디자인을 응용한 치파오의 이국적인 매력을 통해서 세계시장에 치파오의 상징적 의미를 전파하고 있다. 이에 따라 럭셔리 브랜드인 루이뷔통도 2011년 봄/여름 컬렉션에서 다양한 형광 색상의 치파오를 선보이기도 했다.

46
21세기의 한복 트렌드를 이끄는
조선의 패션리더

〈황진이〉

조선시대 최고의 명기 황진이는 박연폭포, 서경덕과 함께 '송도삼절'이라고 불린다. 그만큼 황진이는 성리학과 고전 지식이 해박했다. 황진이의 한시와 시조의 문학성은 높이 평가되어 고전 한국문학의

일부로 인정되며, 교과서에도 실리는 중요한 작품이 많다. 그가 지은 시조 '청산리 벽계수야'는 많은 사람들에게 사랑받고 있으며 가수 이선희의 히트곡 '알고 싶어요'는 사랑했던 연인 소세양이 떠날 때 황진이가 지은 시 '봉별소양곡'이다.

장윤현 감독의 2007년 영화 〈황진이〉는 북한 작가인 홍석중의 동명 소설을 원작으로 한 까닭에 탁월한 예인으로서의 황진이의 정체성이 잘 부각되지 않아 아쉬움을 남긴다. 이는 롭 마샬 감독의 할리우드 영화 〈게이샤의 추억〉과 비교할 때 더욱 그러하다. 〈게이샤의 추억〉에서 주연을 맡은 장쯔이, 공리는 예인으로서의 게이샤 역할을 위해서 각별하게 무용 테스트를 걸쳐 캐스팅되었음에도 불구하고 6개월 동안 매일 12시간씩 혹독한 게이샤 훈련을 했다고 전한다. 이에 비해서 영화 〈황진이〉(송혜교)는 기생으로서의 재예에 전혀 힘쓰지 않고 다만 영화의 아름다운 의상과 메이크업만으로 송도삼절인 황진이(송혜교)를 표현한 것이 아쉽다.

그럼에도 〈황진이〉는 시각적으로 훌륭한 영화로 평가받을 수 있겠다. 금강산 설경을 비롯해 조선팔도의 아름다운 경치를 잘 담아냈기 때문이다. 그중에서도 가장 큰 볼거리와 파급효과를 준 것은 황진이의 의상이다.

영화 〈스캔들〉(2004)로 한국적 문양을 잘 표현해 전통 복식미에 대한 관심을 유도하고 긍지를 높이는 계기를 마련했던 의상감독 정구호가 〈황진이〉의 의상디자인을 맡아 제45회 대종상 영화제 의상상을 받았다. 〈황진이〉에서 가장 큰 특징은 한복의 아름다운 실루엣은 유지하되 색상과 직물을 현대화시킨 파격적 의상 연출이 아닐까 싶다.

조선 중종(조선 제11대 왕. 재위 1506~1544)시대의 기생은 천한 신분임에도 불구하고 패션리더로서 주목을 받았다. 중종시대 기생의 한

은박을 찍은 검정 저고리와 보라색 치마 위에 검정색 기생 머리장식을 했다.(왼쪽)
은박을 찍은 청색 저고리와 검정 치마. 속치마에는 시조를 적어놓았다.(오른쪽)

복 패션을 살펴보면 상의인 저고리가 겨드랑이 살이 보일 정도로 매우 짧았고, 이 상의를 허리가 나오게 입었다. 하의는 치마 밑에 많은 속옷을 입어 하체를 풍성하게 보이도록 하여 하체를 강조함으로써 여성미를 더욱 강조했다. 그러나 영화 〈황진이〉의 의상 형태는 곡선미를 해치지 않는 범위에서 직선을 과감하게 도입하여 슬림한 실루엣으로 표현한 것으로, 이는 정구호만의 표현법이다.

정구호는 특히 색상과 소재에 현대적인 감각을 가미했다. 한국인이 백의민족이라고 알려져 있지만, 실상은 이와 좀 다르다. 『삼국지』 같은 중국 고문헌에는 부여나 신라, 고려 사람들의 흰옷 입는 풍속을 적고 있으나, 고구려 고분벽화나 고려 문헌에는 화려한 색채의 옷차림이 등장하곤 한다. 또, 18세기 말 단원 김홍도의 '월야선유도(月夜船遊圖)'를 보면 부임해 온 평안감사를 환영하는 뱃놀이 잔치에 등장하는 95명 가운데 흰색 저고리를 입은 인물은 26명이고 나머지는 청·황·홍·흑·갈색 등 가지가지 채색된 옷을 입었다. 백의민족이

조선시대에 사용하지 않았던
레이스와 비즈로 수놓은 깊은 톤의 녹색
저고리와 은박이 찍힌 검정 치마

라고 해서 흰옷만 입진 않았던 것이다. 이렇게 보면 신분제 사회에서의 지배층은 견직물에 색실로 자수를 놓거나 홍색과 자색으로 화려하게 염색해 입었고 평민들은 흰옷차림이 많았다는 설이 설득력 있어 보인다.

정구호는 전통 색상인 황, 청, 백, 적, 흑의 오방색에서 기녀의 상징색인 적색을 빼고 파격적으로 검은색을 중심 칼라로 사용해 황진이의 이미지를 차갑고 차분하게 만들었다. 검정 색상과 배색된 색상들도 오방색상의 원색적 느낌이 아니라 더 깊은 톤의 차분한 색상을 사용했다.

현대 대중의 기호에 맞게 소재의 표면장식에도 힘썼다. 화려한 은박과 은사 자수를 비롯해 원단에 장식성을 가미했고 망사, 레이스, 시스루와 같은 현대 양장지도 적극적으로 활용했다.

하지만 영화에서 시대성에 더 소홀해 보이는 것은 옷이 아니라 화장이다. 조선 시대 기녀 화장의 특징인 백색 피부, 앵두 같은 입술, 초승달 같은 눈썹 표현을 무시하고 요즘 유행하는 투명 화장에 아이라인, 마스카라로 눈을 강조했다. 이른바 스모키 화장이다.

〈황진이〉의 의상은 정구호가 가진 현대적인 미적 감각에 의해 고전과 현대적 감성이 잘 조화된 패션으로 평가된다. 그의 정제된 색상과 장식적인 소재 표현은 이질적인 것을 융합하여 한국화시킨 모습

으로 전통을 보존하면서 현대
화시키는 방법을 제시하고 있
다. 그의 모던한 디자인과 독
특한 배색으로 이루어진 한복
디자인은 이제 한복의 트렌드
를 주도하고 있다.

이쯤에서 문화 콘텐츠로서
의 한복을 생각해볼 필요가
있다. 전통 한복의 원형을 지
키는 것이 무엇보다 중요하

영화 황진이에 사용된 저고리. 직선을 과감히 도입해
슬림한 실루엣으로 표현했다.

지만, 사실 원형 보존과 문화 콘텐츠로서의 활용은 별개의 문제라
고 본다. 특히 한류가 짧은 성수기로 끝나지 않고, 고부가가치의
세계 문화로 서서히 자리 잡을 수 있다면, 한복은 더욱 세계 무대
를 겨냥한 변신에 익숙해져야 한다. 대중문화 콘텐츠로 재구성된
한복의 발전은 곧 세계무대에서 경쟁력을 높이는 지름길이다. 전통
과 현대를 아우르는 혁신적인 재해석을 거듭하고 있는 한복의 변
신이 주목된다.

그런 점에서 몇몇 스타 한복 디자이너에 의해 주도되고 있는 현실
은 재론의 여지가 크다. 지금부터라도 패션산업과 연계해 체계적인
인프라를 구축하고 국제화에 나서는 일이 선행돼야 한다. 참고로 할
리우드 영화와 주류 패션계도 다문화의 포용을 넘어 전통의 재해석
을 통한 패션을 강력한 트렌드로 구축하고 있다.

47

전통의 틀 안에서
창의성이 요구되는
한복 디자인

<관상>

서양미에 가까운 검정색 시스루 한복과 섬세한 장신구는 현대
적인 파티의상으로 둔갑한 듯하다.

프랑스 영화감독 니콜 베드레(Nicole Vedres)는 "영화의상은 배우에게 잘 어울리는 옷이 아니라 이미지를 창조하는 옷이어야 하고, 영화의 전체적인 효과에 공헌해야 한다"고 주장했다.

이미 〈왕의 남자〉를 통해 탁월한 사극 의상 베테랑 감독으로 인정받은 의상감독 심현섭은 영화 〈관상〉으로 2013년 제50회 대종상영화제에서 의상상을 받았다. 기존 사극에서는 볼 수 없던 과감한 스타일을 각 등장인물의 이미지에 맞는 스타일로 재창조하여 한복의 미적 상상력을 최대한 살렸다는 평이었다.

최근의 사극영화는 영화의 이미지와 주제의 통일성에 초점을 두고 시각적 이미지가 강화되었다. 한재림 감독이 역사적 사건인 계유정난을 한국인이 좋아하는 '관상'이라는 흥미롭고 신선한 소재로 풀어낸 이 영화는 의상, 조명, 미술의 삼박자를 잘 버무려내어 영상미를 더했다. 경복궁의 근정전을 실제로 옮겨놓은 듯한 대규모 세트를 직접 짓고, 조명과 촬영을 동시에 다루어 독특한 질감의 화면을 만들었으며 작은 소품 하나까지도 장인들이 만든 최고의 작품을 사용하여 밀도 높은 화면을 만들어냈다.

〈관상〉은 현대 사극의 가장 많은 부분을 차지하고 있는 통속 사극 영화이다. 통속 사극은 역사 사료를 토대로 하지만 픽션도 같이 구성되어 정통 사극과 퓨전 사극의 중간 형태를 보인다. 그래서 역사 자료에 토대를 두되 가상의 등장인물도 많이 출연시킨다. 영화에서 '수양'은 실존인물이지만 영화의 주인공 '내경'은 가상의 인물이다. 따라서 의상은 고증에 근거하지만, 일부러 변형하거나 새로 창작하여 화려함과 볼거리를 더했다. 전통과 현대가 조화된 퓨전 디자인 의상은 대중의 공감을 많이 끌어냈다.

조선 시대의 복식은 색채와 문양에 따라 신분을 드러내는 역할을

헤어스타일과 다채로운 장신구로 한복의
화려한 미를 돋보이게 코디한 연홍

했으므로, 심현섭은 등장인물의 계급 차이를 극명하게 보여줄 수 있도록 의상 색채와 문양에 특히 신경을 썼다.

관상가 내경으로 분한 송강호와 내경의 처남으로 분한 조정석, 아들로 분한 이종석의 의상은 천민에서 궁중에 출입하는 신분으로 탈바꿈되면서 확연한 의복의 차이를 보였다. 아무 무늬 없는 바지와 저고리를 착용하던 서민복에서 화려한 관복으로 탈바꿈한 것이다.

그런데 관상에서 연홍(김혜수)이 입은 퓨전 스타일의 가슴골이 보이는 시스루 한복은 이미 여러 번 사극영화에서 선을 보였던 스타일로, 새로운 창작물은 아니다. 이 시스루 의상은 세 차례나 대종상 의상상을 받은 디자이너 정경희가 이미 2010년 〈방자전〉에서 선보인 바 있다. 〈방자전〉에서 배우 조여정은 벽돌색, 흰색, 올리브색으로 색상을 바꿔가며 시스루 저고리의 향연을 벌였다. 시스루 저고리뿐 아니다. 가슴골까지 드러난 시스루 저고리는 디자이너 권유진이 의상을 담당한 2011년 영화 〈조선명탐정: 각시 투구 꽃의 비밀〉에 다시 등장했다.

김혜수의 가슴골까지 보여준 검정 시스루 저고리와 검정 바탕에 레드 문양의 치마는 〈조선명탐정〉에서 한지민이 입은 검정과 와인 색상 코디의 의상과 그 형태와 색상이 비슷했다. 그런데 여러 영화에서 이미지와 형태와 색상을 카피했음에도 불구하고 연홍의 의상은 멋있다. 영화의상에서 가장 중요한 완성도와 디테일이 살아 있기 때문이다. 아름다운 한복에 조화된 가채와, 하나하나 손 조각하여 섬세한 디테일로 제작된 비녀, 부채, 비취반지 등의 장신구는 연홍의 매력을 더했고 완성도 있는 한복 코디를 이루어냈다.

영화 〈관상〉은 다른 영화에서 차용된 스타일이 많이 보이는 여자 주인공의 의상보다도 남자 배우들의 독창적인 의상에 더 점수를 주고 싶다. 영화에서 의상의 백미는 이정재가 역을 맡은 수양대군 의상이었다. 수양대군 의상 콘셉트의 기본은 전형적인 수양대군 이미지에서 탈피하는 것이었다. 특히 수양대군의 검정 털옷은 화려함과 세련미에 카리스마, 야성미가 더해져 사극 역사상 가장 독특한 캐릭터 의상으로 주목받았다. 이 의상의 가죽과 털 소재는 한재림 감독이 직접 고안했다고 한다. 블랙 톤의 럭셔리한 털 장식이 달려 화려함의 극치를 보이는 수양의 의상은 수양의 카리스마를 더 돋보이게 했고, 얼굴에 흉

럭셔리한 검정 털로 포인트를 주었으며 전체적으로 블랙 톤의 코디를 한 수양

터까지 만들어 폭력성과 기품을 동시에 드러낸 수양대군의 첫 등장은 대사 한 마디 없는 등장만으로 존재감이 극대화됐다.

주인공 '내경'의 깔끔한 블루 톤 의상은 그동안 사극에서 쉽게 볼 수 없던 관상가의 풍모를 드러내 흥미를 더했다. 제작진은 관상가 의상에 대한 사적 자료가 없어, 벼슬을 갖지 않은 채 궁에 머무르는 사람이 어떤 옷을 입었는지를 연구한 끝에 이 의상을 탄생시켰다고 한다.

주인공 내경의 깔끔한 블루 톤 의상

김혜수가 분한 기생 신분은 당대 트렌드를 이끌며 현대의 연예인과 같은 역할을 수행했다. 따라서 평민과는 확연히 다른 의상을 선보였을 것이다. 하지만 외출복으로 시스루 저고리나 가슴골이 적나라하게 보이는 디자인을 입는 것은 조선시대의 문화적 배경과 많이 다른 모습이다.

시대 복식에 대한 적절한 이해는 사극의 종류에 상관없이 우선적으로 선행되어야 한다. 화려한 볼거리에 대한 경쟁으로 변형과 고증에 근거한 창작이 아니라, 고증의 한계를 뛰어넘은 해석으로 국적불명의 복식이 너무 자주 등장하는 것은 오히려 작품의 진정성을 왜곡시킬 우려가 높다는 사실도 기억했으면 좋겠다. 전통의 틀 안에서 창의적인 것을 만들어내는 기본을 잃지 말았으면 한다.

영화의상과
패션산업

48
패션영화의 진수란 이런 것

<키카>

장 폴 고티에가 디자인한 실험적이고 그로테스크한
안드레아의 의상

이 영화, 너무너무 특이하다. 등장인물 중 제정신인 사람이 한 명도 없다. 독특한 색채 감각과 성적 유머, 그리고 기상천외한 아이디어로 '알모도바르 스타일'을 완성한 스페인의 시네 아티스트, 페드로 알모도바르(Pedro Almodovar) 감독이 각본과 연출을 맡은 1993년 작 〈키카〉는 천박한 메이크업 아티스트 키카를 중심으로 관음증 사진작가, 연쇄 살인범 소설가, 악행을 서슴지 않는 방송 리포터, 레즈비언 가정부, 섹스 중독에 걸린 포르노 배우들이 펼치는 자극적인 드라마다. 기이한 인물을 통해 현대인의 잠재된 욕망을 표현한 영화 〈키카〉는 현란한 색채와 노골적인 원색의 대비 등 현란하고 독특한 느낌을 주는 작품이다.

패셔니스타로 이름이 알려진 페드로 알모도바르 감독은 음침하고 적나라한 비정상의 세계를 화려한 색채로 풀어내어 스타일리시한 영화를 완성했다. 그 자신이 패션을 즐기듯 영화 속에 키치적인 감각이 돋보이는 패션을 자연스럽게 끌어들였다. 또 뒤틀리고 모순된 에너지로 가득찬 주인공들을 각각의 성격에 맞는 세계적인 패션디자이너의 화려한 의상을 입혀 그들의 욕망과 생활 방식을 강하게 표현했다.

알모도바르는 사회에 대한 냉소적인 견해를 보여주기 위해서 영화 내에서 색을 아주 강렬하게 사용하는 것으로 유명하다. 〈키카〉에서는 인물들의 옷이나 집의 벽지, 배경, 과일 같은 소품까지도 모두 강렬한 색을 가지고 있다. 그중에서도 가장 눈에 띄는 색을 고르라면 단연 붉은색이다. 이 붉은색은 다양한 의미로 사용됐다. 영화의 초반부에는 붉은색이 성적 욕망의 색깔로서 계속 등장했고, 후반부에는 주로 갈등, 이별, 죽음의 이미지로 사용됐다. 영화에서 붉은색은 사회가 가지는 온갖 병적인 이미지를 의미한다.

1980년대 이후 더욱 활발해진 영화와 유명 패션브랜드의 협업은 스크린을 화려하게 채색했다. 스크린을 수놓은 유명 패션브랜드는 주인공의 캐릭터에 생명력을 불어넣을 뿐만 아니라 때로는 신선함으로, 때로는 파격적인 이미지로 관객에게 각인된다. 유명 디자이너들은 작품을 패션쇼에서 선보이거나 매장에 전시하는 것보다 영화를 통해 소

왼쪽으로부터 조르지오 아르마니 의상의 니콜라스, 지아니 베르사체를 입은 키카,
폴 스미스의 원색적인 줄무늬 패턴셔츠를 입은 라몽

개하는 것이 훨씬 효과적이라는 사실을 알았고, 영화배우들 역시 배
역에 맞는 이미지를 위해 유명 디자이너들과 손을 잡는 것이 유리하
다는 사실을 깨달았다. 한 영화에 다양한 패션디자이너의 의상이 동
시에 사용되는 경우도 많아졌는데, 대표적인 영화가 바로 〈키카〉다.

알모도바르 감독은 네 주인공들의 의상을 캐릭터에 맞는 디자이
너가 한 사람씩 맡아 진행함으로써 인물의 캐릭터와 디자이너의 감
각을 같이 연결해서 볼 수 있도록 했다. 네 주인공의 캐릭터에 딱 어
울리는 이탈리아의 조르지오 아르마니(Giorgio Armani)와 지아니 베르
사체(Gianni Versace), 프랑스의 장 폴 고티에(Jean Paul Gaultier), 영국의
폴 스미스(Paul Smith) 의상은 패션쇼를 연상시키는 영상을 제공했다.
특히 장 폴 고티에가 상상력을 발휘한 주인공 안드레아의 전위적인
의상은 많은 화제가 됐다.

라몽(알렉스 카사노바스Alex Casanovas)과 그의 양아버지 니콜라스와
동시에 불륜 관계를 맺고, 그것에 어떠한 양심의 가책도 느끼지 않는
메이크업 아티스트 키카(베로니카 포르케Verónica Forqué)는 수다쟁이이

면서 극중 다른 사람들보다는 상대적으로 순수한 면도 지닌 복합적인 성격의 소유자다. 지아니 베르사체의 정열적이고 유혹적인 의상은 백치인 주인공 키카를 대변했다.

못 여성들에게 호감을 불러일으키는 외모와 유명 소설가라는 직업을 가진 니콜라스(피터 코요테Peter Coyote)는 표면적으로는 교양 있고 유명한 소설가지만 살인으로 쾌감을 느끼는 연쇄 살인범이다. 이런 그에게 입혀진 옷은 우아하고 차분한 이미지의 조르지오 아르마니 의상이다.

연쇄살인범 소설가 니콜라스의 조르지오 아르마니 의상(왼쪽)과
라몽이 입은 폴 스미스의 원색적인 의상(오른쪽)

키카의 아파트 건너편에 또 다른 아파트를 얻어놓고 망원경과 카메라를 통해 키카를 엿보는 라몽은 오이디푸스 콤플렉스와 관음증을 가진 사진작가다. 라몽의 의상은 특유의 색채감을 가진 폴 스미스가 디자인했다. 폴 스미스는 단순하고 고상한 니콜라스와는 달리 새빨간 재킷이나 단색 바탕의 화려한 무늬가 있는 셔츠로 그의 자유분방한 이미지를 표현했다.

극중 인물 중 가장 독특한 패션을 선보인 것은 방송 리포터 안드레아(빅토리아 아브릴Victoria Abril)다. 그는 사회의 파수꾼이라는 통념에도 불구하고 특종이라면 음모나 악행도 서슴지 않는다. 방송 취재

라면 지옥이라도 달려들 적극성과 방송 시청률을 위해 윤리도 희생하는 황당한 캐릭터를 보여주는데 그의 그로테스크하고 글래머러스한 분위기를 장 폴 고티에가 맡았다.

우주비행사 같은 고무 의상에 카메라가 부착된 헬멧을 머리에 쓴 그의 의상은 황당하지만, 역시 장 폴 고티에만이 상상해낼 수 있는 실험적인 의상으로, 관능과 전위적인 패션 감각이 충격적이면서도 유머러스하다. 이 의상은 안드레아의 집요함과 대중매체의 인공적인 허황스러움을 상징했다. 그가 방송을 진행할 때 입은 젖가슴 장식의 보디컨셔스 의상도 매우 충격적인데, 이 의상은 1, 2차 세계대전 사이에 유럽에서 일어난 초현실주의 예술에서 영감을 얻은 것으로 보인다.

장 폴 고티에가 디자인한 실험적이고 그로테스크한 안드레아의
의상 스타일은 초현실주의 예술에서 영감을 받은 디자인이다.

비정상적인 캐릭터들은 현대사회의 대중문화를 형성하고 있는 것들, 즉 소설, 사진, 방송, 뷰티아트를 대변하고 있다. 영화는 이들 캐릭터를 통해서 절제되지 못한 현대인의 욕망과 죄의식 없는 범죄, 지식인의 위선과 이중성, 그리고 매스미디어의 폭력을 비판했다. 이 비판에는 일반적이지 않은 엉뚱한 의상들로 비정상적인 캐릭터들을 한층 더 과장시켜 희화적으로 표현한 패션스타일도 크게 일조했다.

49

패션과 문화의 두 마리 토끼를 잡은
스타워즈 SF 패션

〈스타워즈: 에피소드 1-보이지 않는 위험〉

1977년 개봉 이후 전 세계에 SF 마니아를 양성하고 있는 영화 〈스타워즈〉가 패션 전쟁에 합류했다.

뉴욕의 패션 브랜드, 로다테(Rodarte)의 2014년 가을/겨울 패션쇼 영감은 영화 〈스타워즈〉였다. 로다테의 패션쇼에서는 스타워즈 캐릭터인 루크 스카이워커부터 인공지능 로봇 R2-D2, C-3PO, 제다이 마스터인 '요다'가 프린트된 드레스 차림의 모델들이 피날레를 장식했다. 스타워즈의 감독 조지 루카스(George Lucas)와 로다테의 친분 덕분이었다.

'스페이스 오페라'라는 화려한 별명을 가진 〈스타워즈〉 시리즈와 다른 인기 영화 시리즈의 가장 큰 차별점은 이 시리즈물이 영화적 혁명을 넘어 문화 현상으로까지 발전했다는 것이다. 〈스타워즈〉 시리즈는 영화산업뿐 아니라 소설, 만화, 비디오게임, 피규어 등 모든 문화 영역을 장악해 향후 영화 산업의 이정표를 제시한 작품으로 꼽힌다.

〈스타워즈〉 시리즈는 〈스타워즈: 에피소드 4-새로운 희망〉(1977) 으로 시작된 후, 에피소드 5(1980), 6(1983) 다음에 1(1999), 2(2002), 3(2005) 순서로 상영됐다. 시리즈의 내용과 방영순서가 다르다는 이야기다. 1999년의 〈스타워즈: 에피소드 1-보이지 않는 위험〉은 그중 네 번째 순서로 상영됐지만 내용은 첫 번째에 해당한다.

은하계의 안전을 위협하는 어둠의 세력과 우주의 평화를 지키려는 제다이 기사들의 박진감 넘치는 대결을 그린 〈스타워즈: 에피소드 1-보이지 않는 위험〉은 조지 루카스가 창조한 우주 대서사의 출발점이다.

1990년대는 다양한 패션스타일이 혼재한 시기다. 다른 문화를 수용하고 이해하려는 1970년대의 포스트 모더니즘적 가치관의 변화가 복식에도 영향을 미쳤기 때문이다. 패션에서는 오리엔탈리즘과 서양 문화가 혼합되고 과거와 현대가 서로 뒤섞인 절충적 복식 형태가 인기를 끌었다. 특히 〈스타워즈: 에피소드 1-보이지 않는 위험〉에서는 이 혼합된 패션스타일이 극에 달했다.

영화의상 디자이너인 트리샤 비거(Trisha Biggar)는 판타지 세상을 보여주기 위해 과거의 역사와 다른 문화권의 복식을 차용하되 현대

아미달라 여왕의 의회 연설복장은 외몽골의 중심지역인
할하 여성의 복장에서 따온 디자인이다.

에 맞게 조화롭게 절충시켜 최첨단 미래 패션을 선보였다. 여기에 더
하여 극명한 신분사회를 제시하기 위해 등장인물의 계급을 형태, 색
상, 문양, 소재로 다양하게 나타냈다. 그는 〈스타워즈: 에피소드 1-
보이지 않는 위험〉을 통해 주목받는 디자이너가 됐다.

영화에서 나부행성의 여왕인 아미달라 여왕(나탈리 포트만)의 의상
은 탄성이 절로 나올 정도였다. 아미달라 여왕의 화려한 의상과 독특
한 분장은 나탈리 포트만의 고전적 아름다움을 더욱 극대화시켰다.
트리샤 비거는 처음에 수공예로 처리해야 하는 여왕 의상을 세 벌만
만들려고 했다. 그런데 루카스 감독의 요청에 따라 의상이 열 벌로
늘었고, 여왕의 의상 제작에 동원된 인원도 50명으로 급증했다. 여왕
의 공식 석상 알현복인 붉은색 드레스는 디자인에만 8주가 걸렸고
제작비도 6만 달러나 들었다.

여왕을 상징하는 색은 생명과 열정을 상징하는 빨강색, 그리고 태
양과 광명을 상징하는 황금색이었다. 여왕의 의상과 메이크업 스타

일은 16~17세기 유럽 궁중 드레스의 화려함과 중세의 머리장식, 일본의 기모노 스타일, 몽골 복식과 일본의 가부끼식 화장을 혼합했다. 의회에 참석할 때 입은 붉은 예복은 외몽골의 중심지역인 '할하' 부족의 귀족 여성복장이다.

여왕의 공식 석상 알현복인, 가장자리가 모피로 장식되고 스커트 아래 부분에 전구가 달린 붉은색 실크드레스는 특히 지역과 시대의 이미지 절충이 가장 심했다.

몽골 서북부 망가드 부족의 전통의상을 차용한 스타일이다. 가장자리가 모피로 장식된 붉은 드레스는 유럽의 아르누보 문양으로 수놓았다.

공식 석상 알현복의 전체 모티브는 몽골 서북부 지방 '망가드' 부족의 귀족 복식에서 가져왔다. 가슴 부분은 20세기 초 유럽에서 유행한 아르누보 문양을 금색 실로 수놓은 유럽 스타일이고 두꺼운 머리 스타일은 중국의 전통 양식을 변형했으며 머리장식은 티베트 무희들의 장식을 따랐고 화장은 양쪽 뺨과 입술 아래에 빨간 점을 찍어 일본의 가부키 분장을 흉내 냈다.

여왕의 일본 기모노 스타일 드레스와 중세풍 니트 드레스도 시공간의 혼합을 극명하게 보여주었다. 기모노가 변형된 옅은 그레이 색상 의상을 입었을 때는 북아프리카와 서아시아의 전통복식 차림에서 영향을 받은 머리장식을 하고 가부키식 화장을 했다. 또 니트로 된 드레스를 입었을 때는 드레스는 현대풍 디자인이었지만 머리장식은 중세풍의 웜풀을 둘렀다.

은하계의 평화를 유지하는 초월적 힘을 가진 제다이 복식은 일본 전통 사무라이 복식과 고대 로마 복식의 허리를 묶는 튜닉 스타일이 혼합됐고, 소재는 염색이 되지 않은 거친 무명을 사용했다. 한쪽을 땋은 제다이 기사의 머리는 땋은 머리 길이에 따라 수련 정도를 나타냈다.

시리즈 최고의 인기 캐릭터인 악당 다스 몰(레이파크Ray Park)은 모두 검은색의 시크한 의상에 붉고 검은색으로 페이스 페인팅을 했는데, 머리에 뿔까지 있어 악마를 연상시켰다.

일본 전통 사무라이 복식과 고대 로마 복식의 허리를 묶는 튜닉 스타일이 혼합된 제다이 복식(위)과 올블랙 의상을 입고 붉은색과 검정색의 페이스페인팅을 하고 뿔을 단 다스 몰(아래)

50
미국에서 연간 40조 원 규모의
시장을 가진 하이힐 산업

〈하이힐을 신은 여자는 위험하다〉 & 〈하이힐〉

여성들의 굽 높이가 날로 높아져가고 있다. 사회학 연구 자료에서 보듯이 정말 하이힐의 굽 높이와 여성의 자존심은 정비례하는 것일까?

영원한 섹시 심벌인 마릴린 먼로는 하이힐을 탐닉했다. 영화 〈7년 만의 외출〉에서 새하얀 홀터 네크라인(팔과 등이 드러나고 끈을 목 뒤로 묶는 의상) 드레스와 페라가모 하이힐을 신고 앙증맞게 치마를 누르던 모습을 연출한 먼로의 모습은 아찔한 굽의 스틸레토 힐 덕택에 더욱 눈부셨다. '스틸레토(stiletto)'란 본래 단검, 날이 좁고 뾰족한 칼을 의미하는 단어다. 따라서 '스틸레토 힐'은 뒤축이 칼처럼 가늘고 굽 높이가 2.5cm에서 25cm까지 되는 여자 구두를 의미한다.

먼로는 "누가 하이힐을 발명했는지는 몰라도 여자라면 누구나 하이힐에 큰 신세를 지고 있다"는 말을 남겨 화제가 됐다. 그런가 하면 세계적인 가수 마돈나는 남자보다 마놀로 블라닉(하이힐을 대표하는 아이콘 브랜드)이 좋고, 남자보다 하이힐이 더 오래간다며 하이힐을 찬양했다. 이 정도라면 하이힐은 단순한 패션 아이템을 넘어 여자들의 취미이자 친구, 심지어 어떤 이에게는 종교로까지 군림하고 있다고 해도 과언이 아닐 듯싶다.

기원전 3500년에 그려진 것으로 추정되는 이집트의 테베 고분 벽화에는 이집트 귀족이 신은 하이힐이 등장한다. 그것도 여자가 아닌 남성이 신고 있다. 중세 유럽에서는 남녀 구분 없이 하이힐을 애용했다. 사람이나 동물의 배설물 등이 길거리에 널려 있었기 때문이다. 그러나 하이힐의 본격적인 유행은 17세기 프랑스에서부터다. 유행을 이끈 주인공은 루이 14세였다. 작은 키에 열등감을 가진 그는 키가 크게 보이는 하이힐을 즐겨 신었고, 귀족들이 이를 따라하는 바람에 널리 퍼졌다. 지금처럼 여성이 즐겨 신기 시작한 것은 18세기에 이르러서다. 파리의 유행에 민감했던 미국에서 여성의 신발 굽은 점점 가늘고 높아진 반면 남성의 굽은 낮아졌다. 1920년대 들어 남성 하이힐은 거의 자취를 감췄지만, 21세기에 와서 하이힐은 페라가모의 말처럼 여성패션의 완성이 됐다.

2013년 개봉한 다큐멘터리 영화 〈하이힐을 신은 여자는 위험하다〉는 줄리 베나스라 감독이 여성의 입장에서 여성과 구두의 긴밀한 관계에 대한 심리학적 분석을 시도한 영화이다. 영화에는 세계적인 하이힐 디자이너인 크리스찬 루부탱(Christian Louboutin), 월터 스테이

영화 <하이힐을 신은 여자는 위험하다>, 미국 프로게임선수이며
하이힐 매니아인 베스 샤크가 보유하고 있는 1,400켤레의 구두

저(Waiter Steiger), 로저 비비에르(Roger Vivier), 피에르 하디(Pierre Hardy), 살바토레 페라가모(Salvatore Ferragamo)가 나와 여성과 하이힐에 관한 이야기를 들려주고 하이힐을 생명처럼 생각하는 할리우드의 셀러브리티들이 총출동하여 하이힐을 찬양한다. 이들은 이구동성으로 말한다. 하이힐은 여성성의 상징이며 여성을 돋보이게 하기 위한 패션 액세서리라고. 그들은 또 말한다. "하이힐을 신으면 엉덩이가 25%나 올라가 보이고 가슴이 내밀어져서 자신감이 넘친다"고. 이들의 말을 빌리지 않더라도 하이힐을 신으면 몸매가 달라지고 하이힐은 여성을 더욱 사랑스럽게 만드는 도구라는 것을 여성이라면 경험했을 테다.

하이힐은 미국에서 연간 40조 원 규모의 시장을 가진 산업이며, 영국에서는 매년 13켤레, 평생 6천만 원을 여성들이 신발에 지출하는 것으로 조사됐다. 이런 하이힐에 대한 사랑은 한국이라고 다르지 않다. 물론 의사들은 발의 기형과 체형 변화를 불러온다며 하이힐을 벗으라고 야단친다. 그러나 미적 측면에서 보면 이 의견은 힘을 잃는다. 한 성형외과 의사는 "하이힐을 신은 여성은 여성의 상징인 몸매의 S라인이 살고 키가 커짐에 따라 얼굴도 작아 보이는 효과가 있다"고 했다.

하이힐은 여성의 정체성이나 다름없다. 매끈한 하이힐을 신은 여성은 어딘지 좀 더 도도하고 자신감이 넘쳐 보인다. 하이힐이 선사하는 판타지는 바로 그 도도함과 자신감에 있다. 여성들이 하이힐을 신는 이유가 남성을 유혹하기 위해서라는 오해는 남성들만의 착각이다. 여성들에게 하이힐은 남성들을 위한 섹스어필의 도구가 아닌, 자기 자신을 깨우고 일으켜 세워주는 마법이다. 이처럼 하이힐은 '연약함과 강렬함의 양면적 매력'을 동시에 갖고 있다.

하이힐의 내면적 요소를 극명하게 보여주는 영화가 스페인 문화의 파격을 상징하는, 페드로 알모도바르가 각본과 감독을 맡은 영화 〈하이힐〉(1991년)이다. 이 영화에 등장하는 하이힐은 여성의 자존심과 인간 욕망의 도구로 표현됐다.

두 주인공 모녀의 다른 캐릭터는 두 명의 세계적 디자이너가 각각 의상과 액세서리를 맡아 화제가 됐다. 마리사 파레데스는 조르지오 아르마니로 치장됐고, 빅토리아 아브릴은 샤넬의 부흥을 이끈 칼 라거펠트가 맡았다.

이 영화는 유명한 가수 베키(마리사 파레데스Marisa Paredes)와 그의 딸 레베카(빅토리아 아브릴Victoria Abril)의 뒤틀리고 가슴 아픈 운명과 내면의

욕망과 연약함을 동시에 보여주는
엄마 베키의 하이힐

아르마니 의상을 입은 엄마 베키와 샤넬 의상을 입은
딸 레베카의 대비되는 의상 스타일

심리적 고통을 주인공
들의 하이힐을 통해 치
밀하게 표현했다.

스타 엄마를 둔 레베
카에게 있어서 엄마 베
키의 하이힐은 엄마에
대한 한없는 동경과 사
랑의 상징이며 동시에
증오의 대상이었다. 어

릴 적 레베카는 자장가 대신 또각거리는 하이힐 소리를 들으며 엄마
에 대한 그리움을 달랬고, 철이 들면서 뉴스 앵커가 된 레베카는 하
이힐을 신은 엄마에게 같은 여자로서 열등감과 경쟁 심리를 느낀다.

레베카의 하이힐은 기다림과 열등감을, 여장 남자이며 후에 레베
카의 남편이 되는 레탈의 하이힐은 인간의 이중성을 상징한다. 어머
니 베키에게 하이힐은 혈육의 관계보다 자아 발전을 더 중시하는 현
대의 어머니상을 보여주는, 성공과 야망의 대상이지만, 동시에 부러
지기 쉬운 인간의 연약함을 드러내기도 한다.

영화는 도발적인 내용으로 전개되지만 결국은 모녀 간의 화해로
귀결된다.

51

패션산업계를 들썩이게 한
초현실적 비주얼

〈이상한 나라의 앨리스〉

2010년 개봉된 〈이상한 나라의 앨리스〉는 꿈같은 모험의 판타지 영화다. 판타지 영화는 '우리가 알지 못하는 세계, 실재하지 않는 것으로 생각되는 세계'에 관한 영화다. 〈이상한 나라의 앨리스〉는 할리우드 최고의 비주얼리스트로 꼽히는 팀 버튼(Tim Burton) 감독이 메가폰을 잡았다.

팀 버튼과 월트 디즈니가 손잡고 만들어낸 〈이상한 나라의 앨리스〉는 19세기 영국사회의 질서에 갇혀 살던 열아홉 살 소녀 앨리스가 꿈속에서 토끼굴에 떨어져 이상한 나라를 여행하며 겪는 신기한 일들을 그린 동화다.

영화의 원작 작가인 루이스 캐럴(Lewis Carrol, 1832~1898)은 영국 옥스퍼드 대학의 수학교수를 지낸 수학자이자 논리학자였다. 1865년에 발표된 이 작품은 수학자인 작가의 논리적 역설이 녹아 있어 다양한 해석을 가능하게 해주는 초현실주의 문학의 대표작으로 꼽힌다.

작품의 배경인 19세기 빅토리아 여왕 시대는 산업혁명의 물질적 풍요로움, 가정의 안락과 평화로움, 규칙과 예절, 절제와 엄숙이 중시되던 시기였다. 그런데 캐럴의 작품은 19세기 빅토리아 여왕 시대의 도덕적이고 엄숙한 사고방식과 대조적이다. 그는 어린이들이 풍부하고 아름다운 상상의 세계에서 무한한 상상의 날개를 펼쳐 또 다른 세상을 만들 수 있기를 바랐다.

판타지 영화의 가장 큰 자랑거리는 바로 영상미인데 〈이상한 나라의 앨리스〉는 영화 전반에 흐르는 기괴한 분위기나 강렬한 색채가 들어간 영상을 통해 패션과 예술을 융합했다. 영화의 초현실적인 색상과 디자인은 패션계조차 흥분할 정도로 비주얼이 강했다.

물론 캐스팅도 훌륭했다. 이국적인 매력의 미아 바시코브스카(Mia Wasikowska, 앨리스 역), 할리우드 개성파 배우인 조니 뎁(Johnny Depp, 모자장수 역), 앤 해서웨이(Anne Hathaway, 하얀 여왕 역), 헬레나 본 햄 카터(Helena Bonham Carter, 붉은 여왕 역) 등이 출연했다. 특히 팀 버튼의 어두운 연출과 이를 한순간에 유머로 역전시킨 조니 뎁은 환상적인 궁합이었다.

팀 버튼 감독은 원작의 기본 정신만을 살려 새로운 것을 만들어 내고자 노력했다고 한다. 그는 캐럴이 쓴 『이상한 나라의 앨리스』와 『거울 나라의 앨리스』를 조합해서 영화를 만들었다.

만화를 기반으로 한 영화인 까닭에 〈이상한 나라의 앨리스〉에는 동화적인 요소가 녹아 있는 의상이 등장한다. 그로 인해 영화 속 패션을 즐기는 재미가 쏠쏠하다.

〈게이샤의 추억〉, 〈시카고〉로 아카데미 의상상을 두 번이나 받은 콜린 앳우드가 이 영화를 통해 제83회 아카데미 시상식에서 세 번째 의상상을 수상했다. 콜린 앳우드와 여러 차례 영화에 같이 참석했던 아트 디렉터 릭 하인리히(Rick Heinrichs)가 "영화의 세트는 콜린 앳우드가 디자인한 아름다운 의상들의 배경에 불과하다"라고 한 말처럼 그의 의상들은 언제나 확고한 존재감을 지니고 있다.

앨리스의 의상은 현실과 무의식 세계를 오가며 현실을 벗어나고 자 하는 앨리스의 희망을 보여주기 위 해서 19세기 로맨틱 스타일의 파란색 의상으로 표현했다. 그리고 붉은 여왕 의 나라에 도착한 앨리스는 실루엣이 과장된 붉은색 의상을 입음으로써 정 체성의 혼란을 표현했다.

영화에서 가장 흥미로운 의상은 모 자장수와 붉은 여왕의 패션이다. 이상 한 나라에서 앨리스가 정체성 혼란을 이겨낼 수 있도록 도와주는 모자장수 조니 뎁은 새하얀 얼굴 안에 벌어진 앞니와 확장된 연둣빛 눈동자, 빨간

현실을 벗어나고픈 의미의
파란 의상을 입은 앨리스

광대를 연상시키는 화장을 하고 코트, 보타이, 조끼와 킬트를 입은 모자장수. 양쪽이 다른 양말이 모자장수의 혼돈상황을 나타낸다.

머리 때문에 광대를 연상시킨다. 하얀 여왕의 전령사인 그는 19세기 의상의 기본인 코트, 보타이, 조끼, 셔츠와 19세기 스코틀랜드 체크무늬 킬트를 입었다. 킬트는 아동 의상처럼 짧은 기장으로 모자장수의 순수함을 표현했다. 또 양쪽 발에 각기 다른 색상의 양말을 신어 하얀 여왕의 전령 역할과 모자를 만들고 싶은 모자장수의 내면의 혼돈을 함께 표현했다.

선과 악의 대변자로 등장하는 하얀 여왕과 붉은 여왕. 둘은 원작에서는 존재감이 크지 않았으나 영화에서 생생한 캐릭터로 되살아났다.

붉은 여왕으로 출연한 헬레나 본햄 카터는 팀 버튼 감독의 부인이기도 하다. 붉은 여왕은 우스꽝스러운 하트 모양 입술과 거대한 머리를 가진 캐릭터로 주목받았다. 붉은 여왕의 그로테스크하고 환상적인 이미지는 장식성이 강한 빅토리아 시대의 복장으로 그만의 고스패션을 잘 살렸다.

고스패션은 유령을 연상시키는 새하얀 피부에 짙은 메이크업과 흑색 일색의 복장 스타일을 지칭한다. 고스(Goss)족은 19세기 빅토리아 시대로의 회귀를 꿈꾸는 사람들로서 고스패션은 고딕문화 특유의 신비함과 공포스러움을 표현하는 패션스타일이다. 고스패션을 살린 붉은 여왕의 스커트는 하트무늬를 기본으로 디자인됐고, 양말도 카드의 하트 문양과 스페이드 문양이 반복되는 기발한 문양이다.

코르셋이 겉으로 나와 여왕의 큰머리는 더 커 보였다. 그의 커다란 머리 위에 백조를 디자인한 초현실적 모자 디자인은 생물을 무생물화해서 신비감을 나타냈다.

붉은 여왕과 대립된 하얀 여왕은 하얀 나라와 어울리게 광택 있는 흰 소재의 의상으로 옷을 입어 캐릭터의 순수성과 신비감을 더했다.

영화는 상영 이후 패션계를 들썩이게 했다. 실제로 영화 속 캐릭터를 콘셉트로 재창조한 패션 디자인이 수두룩했다. 디자이너 스텔라 매카트니(Stella McCartney, 비틀즈 멤버인 폴 매카트니의 딸)는 조끼 입은 토끼, 트럼프 카드 병정, 모자장수의 모자 등을 장식으로 한 목걸이와 팔찌를 만들어냈고, 휠라(Fila)는 앨리스를 모티브로 한 우산과 가방을, 슈즈 디자이너 니콜라스 커크우드(Nicholas Kirkwood)는 신발을 내놓았다. 입생로랑, 헬무트 랭, 발렌시아가, 디올,

하트무늬 스커트에 하트와 스페이드 무늬의 양말을 코디한 우스꽝스러운 악녀 이미지의 붉은 여왕

광택 있는 흰 소재의 의상으로 옷을 입은 순수한 이미지의 하얀 여왕

로샤스, 마크 제이콥스, 장 폴 고티에, 빅터 앤 롤프, 샤넬, 크리스찬 라크루아, 베르사체 등 세계적 명품 부티크 하우스들도 앞다퉈 영화 속 의상을 콘셉트로 한 패션을 선보였다.

용어 해설

뉴 룩(new look) : '최신 유행의 스타일'이란 의미인데, 특히 1947년 봄에 디올이 발표한 새로운 룩을 말한다. 치켜세운 어깨에 짧은 스커트가 유행할 때 그는 여성스럽게 처진 어깨와 도련이 넓은 롱 스커트를 발표하여 주목을 끌었다.

드레이프(drape) : 부드럽고 자연스러우며 일정한 형식을 취하지 않은 일정하지 않은 주름을 말한다.

드롭 웨이스트(drop waist) 스타일 : 윗도리를 허리선 아래로 길게 늘어뜨린 스타일.

라메(lamé) : (1) 금속 절박(切箔)과 금은사의 총칭. 절박은 평박이라고도 하며, 금속박을 옻칠로 얇은 종이에 붙인 것을 가는 조각으로 자른 것이다. 알루미늄을 진공 증착한 폴리에스테르 필름은 그대로 가는 조각으로 잘라서 절박으로 사용한다. 금은사는 나일론이나 인견사 등의 심사(芯絲)에 절박을 꼬아 감은 것이다. (2) 절박이나 금은사를 사용한 직물 · 편물, 기타 복지의 총칭이다. 저녁에 입는 포멀 웨어에 쓰인다. 또한 무대 의상이나 환상적인 감각의 옷, 전위적인 옷에 사용된다.

라인스톤(rhinestone) : 수정의 일종으로 모조 다이아몬드. 액세서리나 옷에 자수

할 때의 재료 등으로 이용된다.

랭그라브(rhingrave) : 17세기 중반경, 특히 1660년대부터 70년대에 유럽의 남성 사이에 유행했던 바지로, 바로크 시대의 남성복을 특징짓는 것. 영어로는 페티코트 브리치즈라고도 불렀다. 무릎 길이의 느슨한 것으로서, 언뜻 보면 오늘날의 치마바지와 비슷하나 실제는 스커트 형식이다. 허리에 개더 또는 플리츠로 고정시키고 전체를 불룩하게 하기 위하여 아래에 다른 브리치즈를 입을 때도 있으며, 리본 고리 모양의 장식이 허리와 단에 충분히 달렸다.

러프(ruff) 칼라 : 빳빳하게 주름 잡힌 칼라로 목에 바퀴를 두른 것처럼 돌출되어 있다. 르네상스 시기인 1560~1640년까지 남녀 모두 착용하였으며 이 시기 의상의 가장 중요한 특징이었다. 17세기 이후에도 주기적으로 유행했다.

로퍼(loafer) : 끈 없이 편하게 신을 수 있는 굽 낮은 구두. 'loafer'는 원래 '게으름뱅이'라는 뜻의 단어로 끈을 묶지 않고 간편하게 신을 수 있는 신사화를 의도하고 만든 디자인이다. 끈 없이도 신을 수 있도록 발에 딱 맞게 재단하며, 가죽을 잇대어 실밥이 겉으로 보이게 꿰매 만든다. 발등 부분에 고무밴드가 덧대어 있는 것도 있고, 없는 것도 있다.

르네상스(Renaissance) : 14~16세기에 서유럽 문명사에 나타난 문화운동. 르네상스는 학문 또는 예술의 재생·부활이라는 의미를 가지고 있다. 고대의 그리스·로마 문화를 이상으로 하여 이들을 부흥시킴으로써 새 문화를 창출해내려는 운동으로, 그 범위는 사상·문학·미술·건축 등 다방면에 걸친 것이었다. 5세기 로마 제국의 몰락과 함께 중세가 시작되었다고 보고 그때부터 르네상스에 이르기까지의 시기를 야만시대, 인간성이 말살된 시대로 파악하고 고대의 부흥을 통하여 이 야만시대를 극복하려는 것을 특징으로 하여 근대 유럽문화 태동의 기반이 되었다.

메리 퀸트(Mary Quant) : 1934년 영국 런던에서 출생. 여성용 모자를 만들다가 1955년 런던에 '바자(Bazaar)' 숍을 내고 1960년대 미니스커트와 핫팬츠를 창시, '첼시 걸 룩' 스타일을 유행시키며 영국 패션의 디바로 떠올랐다.

메탈 케이지(metal cage) : 금속으로 만든 짐승의 우리. 새장.

모헤어(mohair) : 앙고라 산양에서 얻은 모 섬유. 섬유는 순백색에 가깝고 회색이나 담황색, 적갈색의 것도 있다. 탄력성이 좋고 광택이 풍부하지만 질감은 거칠다. 모헤어의 특징은 실크와 비슷하고 우아하면서도 화려한 광택이 난다는 점이다. 여름에는 몸에 잘 달라붙지 않고 시원하기 때문에 이상적인 고급 하복지 소재로 쓰인다. 그러나 습기에는 매우 예민하여 구김살이 잘 생기는 것이 흠이다. 내구력이 뛰어나 의자나 실내장식용의 첨모직물(添毛織物) 제조에 사용된다. 단독으로 사용하거나 양모, 면, 비스코스 섬유 등과 혼방하여 고급품은 피복지로, 하급품은 방모직물이나 융단 등에 사용한다.

미니멀리즘(minimalism) : 가장 단순하고 간결함을 추구하여 단순성, 반복성, 물성 등을 특성으로 절제된 형태 미학과 본질을 추구하는 콘셉트다.

믹스 앤 매치(mix & match) : '섞어서 조화를 이루는' 스타일. 단품을 이용한 기법으로 재킷과 슬랙스를 각각 '색으로 믹스·무늬로 매치', '무늬로 믹스·색으로 매치', '무늬로 믹스·소재로 매치', '소재로 믹스·무늬로 매치' 등의 방법이 있다.

바이어스 컷(bias-cut) : 바이어스 재단(bias cut 혹은 cross cut이라고도 불림)은 이런 정방향 재단과 달리 옷감을 45도 돌려서 옷의 길이 방향이 옷감의 대각선 방향으로 놓이도록 옷본을 배치하여 마름질하는 것을 가리킨다.

버슬(bustle) : 여성 드레스의 엉덩이 부분을 볼록하게 돌출시키기 위한 속옷 장치.

벨 에포크(belle epoque) : 프랑스어로 '좋은 시대'라는 뜻. 프랑스 혁명의 정치적인 격동기를 치른 후 서유럽이 평화와 번영을 구가하던 1890~1914년에 이르는 기간. 여성들이 파리 쿠튀리에 디자이너들의 단골고객이 되면서 우아한 옷을 입던 시기로 문학, 예술, 기술, 패션 분야에서 두드러진 발전이 이루어진 시기이기도 하다.

분라쿠 : 일본의 대표적인 전통인형극. 일본이 세계적으로 자랑하는 전통 무대 예술로서, 서민을 위한 성인용 인형극이며 가부키(歌舞伎)·노(能)와 함께 일본 3대 고전 예능 분야로 꼽힌다. 에도 시대에 처음 시작된 것으로 추정되며 교토와 오사카 지방을 중심으로 발전하였다.

비틀 부츠(Beatle Boots) : 비틀즈 멤버인 존 레논과 폴 매카트니가 발목까지 오는 꼭 끼는 승마용 부츠로 옆선에 신축성 있는 고무 소재를 붙여 만든 당시 유행하던 첼시 부츠에다가 3~5cm 정도의 굵고 안정성이 좋은 수직 힐을 더한 부츠.

새시(sash) : 일반적으로 부드러운 피륙의 폭이 넓은 장식 띠. 16세기 이후가 되어 시민의 남녀가 실내복 장식 띠로 이용하게 되었고, 또한 18세기에 접어들자 여성과 어린이가 주로 장식용으로 허리에 감는 폭넓은 띠를 가리키게끔 되었다. 이것을 일반적으로는 새시 벨트라고 부른다. 모슬린 천을 의미하는 아랍어의 '샤슈'가 어원.

새틴(satin) : 수자(繻子). 수자직(孤子織, satin weave)으로 짠 광택 있는 직물의 총칭. 드레스·블라우스·스카프·나이트 드레스 외에도 옷의 안감, 특히 코트의 안감으로 수요가 많다.

샹틸리 레이스(chantilly lace) : 파리 근교의 샹틸리에서 18세기 초두부터 만들어지고 있는 전통적인 레이스지. 능형의 메시(mesh;그물조직)가 특징인데 그 속에 꽃바구니나 과일 등의 무늬가 흩어져 있다. 클래식하고 여성적인 문양으로 드레스와 원피스에 차용되었다.

쉬폰(chiffon) : 얇고 투명한 평직물로 드레이프성이 좋다. 원래 실크로 만들어졌지만 최근엔 인조섬유로도 사용된다.

스탠드 칼라(stand collar) : 밴드칼라 모양으로 목 위로 세운 칼라.

스팽글(spangle) : 금속이나 합성수지로 만든 얇은 조각으로 둥근 모양, 꽃 모양, 조개 모양으로 된 것 등 여러 가지이다. 그 색채와 광택은 빛을 반사하여 한결 반짝임이 더해지므로 야간에 착용하는 의상에 즐겨 사용한다. 핸드백이나 스웨터 등에 장식하는 경우도 많다.

시퀸(sequin) : 원래는 13세기 베니스에서 만들어진 금화나 화폐 모양의 복식품이였지만, 복식 용어로는 현재의 스팽글(spangle)과 같은 뜻으로 사용된다. 반짝거리는 얇은 장식 조각으로 금속, 플라스틱, 합성수지 따위로 만들며 무대 의상이나 야회복, 핸드백, 구두, 광고 간판 따위에 붙인다.

시프트 드레스(shift dress) : 1960년대의 일자형 기본 드레스로 몸에 달라붙지 않는 슈미즈 드레스.

아시안 필름 어워드(Asian Film Awards)

: 아시아 영화를 대상으로 한 영화상이다. 시상식은 매년 3월에 홍콩 국제영화제의 행사 가운데 하나로 개최되는데, 영어로 진행된다.

에디 세즈윅(Edith Minturn Sedgwick, 1943~1971) : 앤디 워홀(Andrew Warhola)의 뮤즈로 유명한 1960년대 미국의 전설적인 파티걸이자 모델.

엘자 스키아파렐리(Elsa Schiaparelli, 1890~1973) : 프랑스의 복식디자이너. 그의 디자인 특징은 심플하고 스포티하며, 대담한 악센트 칼라나 기발한 버튼 등을 이용한 점이다. 자유분방하고, 남국적이며 강렬한 색채를 즐겼다. 액세서리에 재능을 보였으며, 금속·목재·플라스틱 등의 다양한 재료를 사용하였다. 지퍼나 화학섬유, 거친 복지를 처음으로 여성복에 사용하였다.

오간자(organza) : 얇고 투명하면서도 빳빳한 느낌이 나는 직물. 가볍고 여성스러운 느낌을 주기 때문에 드레스 등의 풍성한 느낌의 옷의 원단으로 사용한다.

치노(chino) : 쌍사의 코머사(combered yarn)로 짠 두꺼운 능직의 면직물. 거친 면소재의 직물로, 면바지를 지칭하기도 한다. 쌍사(두 가닥을 꼰 실)의 면 코머(단섬유나 돕슬 마디를 완전히 제거한 실)를 능직으로 짰기 때문에 직물의 표면이 사선으로 나타난다. 배트염료를 사용하여 주로 카키색으로 염색한다. 치노란 중국을 뜻하는 접사로서, 이 영국산 옷감이 중국을 경유하여 널리 알려지게 된 것을 의미한다.

치파오(chinese dress) : 중국의 전통의상. 청대(淸代)에 형성된 중국의 전통의상이다. 원래 남녀 의상 모두를 이르는 말이지만, 보통 원피스 형태의 여성 의복을 지칭한다. 몸에 딱 맞는 형태의 옷이며, 치마에 옆트임을 주어 실용성과 여성미를 강조하였다. 옷깃은 흔히 차이니즈 칼라라고 불리는 스탠드 칼라이며, 치마와 소매의 길이도 다양하다. 면으로 만든 실용적인 것에서부터 비단에 여러 가지 자수를 놓아 화려하게 만든 것까지 다양하다. 또한 어떤 체형에나 잘 어울린다. 청나라를 세운 만주족(滿洲族)의 기인(旗人)들이 입던 긴 옷에서 유래하였으며, 한족(漢族)이 이를 치파오라고 부르기 시작하였다.

카나비 스트리트(Carnaby Street) : 런던의 웨스트엔드의 중심에 위치하여 1960년대 이래 영국 젊은 세대들의 정신을 반영하는 패션, 문화, 뮤직의 거리로 유명한, 런던패션을 대표하는 중심 번화가.

코듀로이(corduroy) : 흔히 코르덴이라 불리는 골이 지게 짠 피륙을 말한다. 원래는 목면으로 된 것을 가리켰는데, 레이온으로 된 것도 있다. 어원은 프랑스어의 코르드 뒤 루아(corde du roi)로 '임금의 밭이랑'이란 뜻. 용도는 주로 슬랙스·캐주얼 재킷·코트·퀼로트 스커트·수렵복·실내장식 등에 다양하게 쓰인다.

코트아르디(cotehardie) : 중세시대 몸에 꼭 끼는 소매가 긴 겉옷. 원래 '기발한 의복'이란 뜻. 14~15세기 유럽의 남녀가 착용했던 겉옷을 말한다. 어느 정도 몸에 달라붙고 소매는 가늘고 팔꿈치에서 장식천이 늘어뜨려져 있다. 남성의 것은 기장이 짧아졌지만 여성의 것은 단이 끌리고 목둘레가 컸다.

쿠튀리에르(couturière) : 프랑스어로 여자 재봉사를 뜻한다.

크리놀린(crinoline) : 뻣뻣한 아일론으로 넓은 드레스를 부풀게 만든 속치마로 풍성한 스커트를 떠받치기 위해 착용하는 모든 종류의 후프. 후프는 스커트를 부풀리기 위해 고래뼈, 철사, 등나무나 사탕수수 줄기들을 사용해 둥글게 부푼 지지대를 말한다.

클로슈(cloche) : 종(鐘) 모양의 여성용 모자. 원래는 종을 뜻하는 프랑스어인데, 크라운(운두)이 종 모양을 하고 있고 브림(테)이 아래로 늘어져 얼굴을 덮을 듯이 되어 있는 형을 말한다. 브림을 접어 젖히거나 양옆을 넓게 만든 변형도 있다. 펠트·스트로 등으로 만들어 널리 계절에 관계없이 쓰며, 드레시한 옷에서 캐주얼한 옷에까지 응용된다. 특히 1920년대에 보브헤어(bobhair)와 함께 유행하여 동양에서도 신여성들 사이에 인기가 있었다.

키치(kitsch) : 키치(Kitsch)를 찾아보면 '저속한 작품' 혹은 '공예품'을 뜻하는 것으로 되어 있다. 형용사 '키치'는 '천박한, 야한, 대중취미의'를 뜻한다고 되어 있다. 겉으로 봐서는 예술품이지만 그 속을 들여다보면 싸구려 상품이 바로 키치이다. 이제 키치는 미적으로 저급하거나 조악한, 그러면서도 평범한 사람들의 삶에 가장 밀착된 특수한 장르화뿐 아니라 자본주의 문화 일반, 나아가 삶의 방식과 태도를 가리키는 대단히 포괄적인 개념으로 확장되었다.

타탄 체크(tartan check): 스코틀랜드의 씨족에 전해지는 전통적인 격자 무늬. 체크가 2중, 3중으로 겹쳐져 복잡한 무늬를 형성하고 있다. 씨족의 문장 대용으로도 사용되었던 것인데, 그 무늬와 색채의 변화는 많다. 현재는 영국 민족 무늬의 테두리를 넘어서 여러 가지 분야에 쓰이고 있다.

톤 인 톤 배색(tone in tone coloration) : 같거나 비슷한 톤의 다른 색상 조합에 따른 배색.

튜닉 드레스(tunic dress) : 좁은 치마 위에 긴 오버블라우스를 입도록 구성된 투피스 드레스. 바지 위에 긴 재킷을 입어서 팬츠슈트를 구성하기도 한다.

튤(tulle) : 견, 면, 인조 섬유를 기계 편직하여 그물처럼 만든 피륙.

트라페즈 라인(trapéze line) : 트라페즈는 사다리꼴이란 뜻. 어깨에서 스커트 도련까지의 퍼짐이 사다리꼴로 된 실루엣. 1958년 봄 시즌 당시 크리스찬 디올(Christian Dior)의 디자이너로 있던 이브 생 로랑(Yves Saint Laurent)이 발표했던 역사적인 실루엣의 일종.

파팅게일(farthingale) : 16세기 후반에 스커트를 부풀게 하려는 목적으로 만들어진 속치마의 일종. 고래수염, 철사, 등나무 등의 고리를 여러 단 엮어 만든 원추형(스페인형)과, 말 털 등으로 채워 바퀴와 같은 테로 허리의 부분을 부풀게 하는 형(프랑스형)의 두 종류가 있다.

프레피 룩(preppy look) : 프레피란 미국 동부 사립 고등학교(preparatory school)에서 배우는 양가의 자녀를 말한다. 그 출신에 대한 선망 및 동경, 질투가 복잡하게 종합된 농담 섞인 속칭으로, 그들이 즐겨 입는 복장을 프레피 룩이라고 한다. 1950년대 남자 대학생 위주의 스타일인 아이비 룩이 보다 전통적인 스타일을 지향한다면, 프레피 룩은 경쾌한 색을 가미하는 등 좀 더 캐주얼한 분위기를 갖는다. 대표적인 옷으로는 폴로 셔츠, 옥스퍼드 셔츠, 케이블 니트 스웨터와 카디건, 정장 풍의 재킷, 주름 스커트, 카키 팬츠와 테니스 풍의 복장 등이 있다.

플래그십 스토어(flagship store) : 시장에서 성공을 거둔 특정 상품 브랜드를 중심으로 하여 브랜드의 성격과 이미지를 극대화한 매장으로, 브랜드의 표준 모델을 제시하고 그 브랜드의 라인별 상품을 구분해서 소비자들에게 기준이 될 만한 트렌드를 제시하고 보여주는 스토어.

플랫폼 슈즈(platform shoes) : 힐뿐만 아니라 밑창 전체를 높게 한 구두를 말한다. 옷단이 넓은 플레어드 팬츠를 착용하면 구두가 가려져 외견상 다리 길이가 강조되는 효과가 있다.

홀터 네크라인(halter neckline) : 이브닝 드레스나 선 드레스에서 볼 수 있는 칼라로, 앞몸판에서 이어진 스트랩이나 밴드를 목뒤로 두른 듯한 느낌을 준다. 보통 팔이나 등을 노출시키고 앞의 네크라인은 깊게 판다.

홀터 넥(halter neck) : 팔과 등이 드러나고 끈을 목 뒤로 묶는 스타일의 여성복.

홍콩 영화 금상장(香港電影金像獎, **Hong Kong Film Awards)** : 홍콩 금상장 영화제는 홍콩에서 열리는 연례 영화 시상식이다. 중화권에서는 타이완의 금마장과 중국의 금계백화장과 함께 3대 중국어 영화 시상식으로 손꼽는다. 홍콩 영화 금상장은 홍콩영화의 '누벨바그' 시기였던 1982년에 첫 시상식이 열렸다.

화이트홀(Whitehall) : 영국 런던 웨스터민스터 특별구 트라팔가 광장과 팔러먼트 광장에 이르는 넓은 거리를 말한다. 동쪽에는 템스 강이 흐르며 영국 튜더 왕가와 스튜어트 왕가가 거주했던 곳이다.

참고문헌

Calasibetta, 『페어차일드 패션대사전』, 노라노, 2006.

pmg 지식엔진연구소 편, 『시사 상식 바이블』, 박문각, 2008.

권오창, 『조선시대 우리 옷』, 현암사, 1998.

김수이 편, 『한류와 21세기 문화비전』, 청동거울, 2006.

김영옥 외, 『서양복식문화의 현대적 이해』, 경춘사, 2009.

데이비드 본드, 정현숙 옮김, 『20세기 패션』, 경춘사, 2000.

루이스 자네티, 박만준 외 옮김, 『영화의 이해』, K-books, 2010.

류상욱, 『영화의 철학과 미학』, 철학과현실사, 2007.

막스 폰 뵌, 천미수 옮김, 『패션의 역사: 18세기 로코코부터 1914까지』, 한
    길아트, 2002.

박진배, 『영화 디자인으로 보기』, 디자인하우스, 2001.

박희경, 『웨딩바이블』, 백도씨, 2013.

베니김, 『영화처럼 살아보기 365』, MJ미디어, 2012.

아서 놀레티 공편, 정수완 외 옮김, 『일본영화 다시 보기』, 시공사, 2001.

안인희, 「조선 후기 춘향전과 영화 춘향전 복식의 시대성과 유행성 비교」,
    『복식』 54, 한국복식학회, 2004.

앤드류 터커 외, 김은옥 옮김, 『패션의 유혹』, 예담, 2003.

양숙희 외, 『패션과 영상』, 숙명여자대학교 출판국, 2008.

연희원, 『유혹하는 페미니즘』, 지성의 샘, 2005.

염경숙, 『거울을 보는 남자가 성공한다』. 중앙M&B, 1998.

온양민속박물관 편, 『서양복식의 흐름: 18세기에서 20세기까지』, 온양민속
    박물관, 1998.

요아힘 나겔, 송소민 옮김, 『팜 파탈: 유혹하는 여성들』, 예경, 2012.

유지나, 『여성영화산책』, 생각의나무, 2002.

_____, 『한국영화 섹슈얼리티를 만나다』, 생각의나무, 2004.

육정학, 『영화의 소통과 현상』, 광림북하우스. 2012.

이경기, 『영화 완전 재밌게 보기』, 청어, 2001.

이영재, 『옷은 사람이다』, 은행나무, 2001.

이인혜 외, 『남자의 옷 이야기 1: 정장편』, 시공사, 1997.

이재정 외, 『패션, 문화를 말하다』, 예경, 2011.

이희승, 「엔터테인먼트 스타패션 연구」, 이화여자대학교 대학원 박사학위논
    문, 2005.

잉그리트 로셰크, 이재원 옮김, 『여성들은 다시 가슴을 높이기 시작했다』,
    한길아트, 2002.

전기순, 『스페인과 한국 무성영화 비교 연구』, 커뮤니케이션북스, 2013.

전영범, 『영화와의 커뮤니케이션』, 비엘프레스, 2006.

전혜정, 『현대패션 & 디자이너』, 신정, 2007.

정재형, 『영화 이해의 길잡이』, 개마고원, 2003.

정흥숙, 『복식문화사』, 교문사, 1981.

제니퍼 크레이크, 정인희 외 옮김, 『패션의 얼굴』, 푸른솔, 2002.

제임스 레이버, 이경희 외 옮김, 『복식과 패션』, 경춘사, 1988.

진중권, 『진중권의 이매진』, 씨네21, 2008.

최병근, 「각본의 시각화에 관한 연구」, 『영화연구』 24, 한국영화학회, 2004.

최병근, 「미장센 요소들의 창의적 기능에 관한 연구」, 『영화연구』 29, 한국
    영화학회, 2006.

패션전문자료편찬위원회 편, 『Fashion 전문 자료사전』, 한국사전연구사,
    1997

한수연 외, 「현대 패션에 표현된 글래머 룩의 미적 가치」, 『복식문화연구』
    14, 복식문화학회, 2006.

Adrieme Munich, *Fashion in Film*, Indiana University press, 2011.

British Library cataloguong-In Publication Data, *Costume and Fashion*, Sterling Publishing Company, 2001.

Colin Nc Dowell, *Shoes*, London: Thames and Hudson, 1998.

Edeard Maedor, *Hollywood and History, costume design in film*, Thames and Hudson, N.Y:1987.

Elizabeth Leese, *Costume design in the movies*, Dover Publicationns, 1991.

Engelmeier, *Fashion in Film*, Prestel: NY. 1997.

Francois Baaudot, *Fashion: the twentieth century*, Universe; NY, 1999.

Ince, C., & Nii, *Future beauty: 30 years of Japanese fashion*, London: Merrell, 2010.

Jane Swann, *shoes: costume accessories series*, Drama book publishers, 1983.

K.C Kendricks, *Leather Jacket*, Amber Quill Press, 2012.

Kawamura, Y., *The Japanese revolution in Paris fashion*, Oxford: Berg, 2004.

Londons design Museum, *Fifty dresses that changes the world*, Conrasn, 2009.

Melanie Waters, *Women on screen- feminism and feminity*, pelgrave macmillan, London, 2011.

Michael Czerwinsky, *Fifty dresses that change the world*, Canran Octopus Ltd.,Toronto: 2009.

Rachel Hauch, *Princess ever after*, Michigan:Zondervan, 2014.

_____, Rachel Hauch, *The Wedding dress*, Thomas Nelson, 2012.

Richard Dyer, *A culture of Queers*, Routledge, 2002.